# 油藏精细描述与剩余油气分布预测

邓志文　许长福　等　著

科学出版社

北　京

# 内 容 简 介

本书系统介绍了三维地震应用于油藏精细描述、剩余油气分布预测和稠油蒸汽腔分布预测的技术：地震数据采集与处理、储层构造解释、有利储层预测、储层地质建模、油藏数值模拟及动态历史拟合等。首次系统论述了"从地震数据到油藏数值模拟"和"从油藏数值模拟回到地震数据"的循环流程的"STS油藏表征技术"。论述了高精度三维地震技术是稠油蒸汽腔分布预测的有效方法。

本书可供石油物探、石油地质、油藏工程等专业技术人员和高等院校相关专业师生参考。

**图书在版编目（CIP）数据**

油藏精细描述与剩余油气分布预测 / 邓志文等著. —北京: 科学出版社，2021.4

ISBN 978-7-03-067055-7

Ⅰ.①油… Ⅱ.①邓… Ⅲ.①油藏—研究②油气藏—分布—预测—研究 Ⅳ.① P618.13

中国版本图书馆 CIP 数据核字 (2020) 第 241023 号

责任编辑：王 运 张梦雪 / 责任校对：张小霞
责任印制：吴兆东 / 封面设计：图阅盛世

**科 学 出 版 社** 出版

北京东黄城根北街16号
邮政编码：100717

http://www.sciencep.com

**北京捷退佳彩印刷有限公司** 印刷

科学出版社发行 各地新华书店经销

\*

2021年4月第 一 版 开本：787×1092 1/16
2021年11月第二次印刷 印张：14 3/4
字数：350 000

**定价：199.00元**
（如有印装质量问题，我社负责调换）

# 《油藏精细描述与剩余油气分布预测》
## 编 写 组

主 编　邓志文　许长福

成 员　恵晓宇　贺维胜　蔡银涛　张婷婷　王　岩　潘婷婷

　　　　王永军　佟志伟　王惠凤　孙德胜　陈玉坤　夏建军

　　　　郭向宇　刘念周　张记刚　邹　玮　杨　智　罗池辉

　　　　周练武　李树庆　陈　维　张　胜　郭建明　蔡锡伟

　　　　冯发全　蓝益军　袁世洪　赖令彬　赵文涛　李　凯

　　　　贺川航　赵子涵　木哈塔尔　赵　睿

# 序

油气藏精细描述和剩余油气分布预测是业界、学界长期以来的研究热点和难点。进入新世纪，伴随着信息时代的蓬勃发展，特别是石油物探技术与装备、高精度三维地震技术的重大突破，带动了油气藏精细描述和剩余油气分布预测全面进步，科技创新成果斐然。

邓志文、许长福团队完成的《油藏精细描述与剩余油气分布预测》专著，在油气藏精细描述和剩余油气分布预测领域具有代表性、先进性和原创性。该书详细论述了高精度地震数据采集与处理、储层构造解释、有利储层预测、储层地质建模、油藏数值模拟及动态历史拟合等技术与应用；创新形成了"从地震到数模"和"从数模回到地震"循环流程的"STS油藏表征技术"，可以降低储层模型的多解性，提高剩余油气的预测精度。同时介绍了一种利用宽频带、宽方位、高密度三维地震资料和生产动态数据综合预测稠油蒸汽腔分布的方法，高精度三维地震技术是稠油蒸汽腔分布预测的有效方法。该专著凝聚了作者的心血和汗水，更是智慧的结晶。

我有幸在该书付梓之际，先睹为快，先行分享，开阔了新视野，收获了新知识。感谢邓志文、许长福团队，祝愿未来取得更新成果、更上一层楼。

孙龙德

二〇二〇年十二月

# 前　　言

　　油藏描述和油气预测贯穿在整个油田开发过程中。在勘探初期,仅有地震资料、一口或者几口探井资料和宏观的地质认识,油藏描述的精度相对较低。随着油田开发的不断深入,测井、岩石物理、岩心和生产动态等基础资料越来越丰富,油藏描述的精度不断提高。油气田处于开发中后期时,储层非均质性强,油水关系相对复杂,剩余油气的挖潜难度大,对油藏描述和剩余油气预测的精度提出了更高的要求。本书面向开发中后期的油田,以实例的方式展示了油藏精细描述的技术和剩余油气的预测方法。

　　目前,石油行业广泛采纳的一种剩余油气预测的流程是:地震数据采集与处理、储层构造解释、有利储层预测、储层地质建模、油藏数值模拟及动态历史拟合等。在储层构造解释和有利储层预测这两个环节,本书以北大港为例,介绍了复杂断块储层的精细描述技术,它从油藏开发的现状和问题出发,在评价已有的资料和成果基础上,依次进行基于目标的地震资料采集和处理、构造精细解释、储层精细刻画、油藏数值模拟和动态分析的循环流程。在这一流程中,始终以解决油藏问题为目标,注重静态和动态资料的综合,如在断层解释和砂体连通性解释的过程中与生产动态资料结合,达到单砂体精细刻画的目标。储层构造模型是地下储层的定量表达方式,而油藏数值模拟是在储层地质模型的基础上,模拟储层中流体的流动过程,达到与井上生产动态历史数据匹配的目标,进而预测剩余油气。

　　剩余油气预测的流程中,从地震数据的采集、处理与解释到油藏数值模拟,国际上有学者称之为“从地震数据到油藏数值模拟”(seismic to simulation),虽然在储层地质建模的过程中用到了地震层位和地震属性(或者沉积相)的约束,但是最终油藏模型的合成地震数据通常与实际地震数据的吻合程度较差。因此,有学者提出“从油藏数值模拟回到地震数据”(simulation to seismic)的思路,流程为:油藏模型合成地震数据的计算、合成地震数据和实际地震数据的对比、储层地质模型更新、基于新模型的油藏数值模拟,此过程循环迭代,直到油藏模型的合成地震数据和实际地震数据吻合得较好为止。我们把“从地震数据到油藏数值模拟”和“从油藏数值模拟回到地震数据”的技术统称为“STS油藏表征技术”,该技术可以减少储层模型的多解性,提高剩余油气的预测精度。书中以新疆油田530井区为例介绍了针对稀油油藏STS油藏表征技术从地震采集到剩余油分布预测的全过程。

　　稠油油田的开发技术日趋成熟,主要采用注入蒸汽和火烧两种热采方式,SAGD蒸汽腔是目前效果最好的方式之一。目前对蒸汽腔监测的方式有温度监测、时移地震和微地震等。温度监测是最直接有效的办法,但是它只能预测井点的蒸汽腔发育。时移地震是目前监测蒸汽腔空间分布较好的手段,但成本相对较高,且需要在油藏开发前做好设计与规划。

微地震监测存在岩石破裂产生信号微弱和环境噪声较强的问题,影响了蒸汽腔监测的效果。书中介绍了一种利用宽方位、宽频带、高密度(简称为"两宽一高")地震资料和生产动态数据综合预测蒸汽腔分布的方法,预测结果与温度监测的吻合程度很好。

开发中后期的油藏精细描述和剩余油气预测需要综合地质、地震、测井、开发动态等多学科信息,对软件工具提出了更高的要求,各大石油公司或者服务商正在研发多学科一体化软件系统。中国石油集团东方地球物理勘探有限公司自主研发了油藏地球物理软件系统,包括油藏描述、油藏模拟、油藏监测和油藏协同工作子系统,书中最后一章作了阐述。

全书共四章:第一章针对油藏开发的精细描述和剩余油分布研究及提高油田产量和采收率问题,通过宽方位、宽频带、高密度地震资料的应用,测井与地震结合对井间砂体连通关系和不同沉积相带砂体的识别与刻画,并对储层静态建模(逆断层的构造建模和地震约束下的属性建模)、油藏数值模拟、岩石物理建模、地震数据合成和模型质量评价与更新等技术进行融合应用,通过引入地震约束地质模型、油藏数值模拟模型,从而确定剩余油分布潜力区。第二章针对复杂断块油气藏构造及储层描述问题,提出了基于宽方位、宽频带、高密度三维地震资料、钻测井资料、开发生产动态资料,开展断裂及层位解释,利用开发动态资料进一步验证微小断裂解释,实现了动静结合的微小断裂解释,精确地描述了油藏构造特征;在此基础上,对不同级次的地层开展含油砂体的展布和油藏储量预测,取得了非常好的复杂断块油藏描述效果。第三章论述了测井与地震联合油藏和蒸汽腔监测识别技术,首先进行宽方位、宽频带、高密度地震资料采集,然后进行地震资料高分辨率处理,在地震构造解释的基础上开展蒸汽腔敏感属性预测,综合地震属性、油藏模型等资料预测蒸汽腔的分布,用开发数据验证蒸汽腔分布的准确性。第四章介绍了油藏地球物理软件系统 GeoEast-RE,它是一个多学科协同工作的软件系统,包括油藏描述、油藏模拟、油藏监测和油藏协同工作子系统。

孙龙德院士对油藏地球物理技术工作非常重视,并且积极推动油藏地球物理技术的发展与应用。衷心感谢孙院士在百忙之中抽出时间对本书的编写给予指导并为本书作序。

全书由邓志文、许长福提出编写思路并组织编写。具体分工为:前言由邓志文、许长福、贺维胜编写;第一章由邓志文、许长福、惠晓宇、张婷婷、王永军、潘婷婷、贺维胜、佟志伟、袁世洪、赖令彬、刘念周、张记刚、邹玮、王惠凤、蔡锡伟、冯发全和陈玉坤等编写;第二章由邓志文、蔡银涛、惠晓宇、孙德胜、王岩、贺川航、罗池辉、李树庆、郭建明和周练武等编写;第三章由邓志文、王岩、王永军、王惠凤、张胜、赵文涛、蓝益军、夏建军和木哈塔尔等编写;第四章由贺维胜、惠晓宇、赵子涵、李凯、赵睿、杨智和陈维等编写。全书审稿由郭向宇完成;全书定稿由邓志文、许长福完成。

衷心感谢中国石油集团东方地球物理勘探有限责任公司、中国石油天然气股份公司新疆油田分公司和中国石油天然气股份有限公司大港油田分公司的张玮、杨举勇、赵贤正、黄永平、史建民、冯许魁、倪宇东、王贵重、于宝利、常德双、袁斌、苏卫民、李玉海、林吉祥、党虎强、张枫、宋勇、王晓光、蔡明俊、任瑞川、周忠良、赵小辉、彭静等领导及专家在本书的编写和研究过程中给予的指导和帮助。

本书定有不足之处,热诚希望广大读者提出批评指正意见。

# 目　　录

# 第一章　砂砾岩高含水油藏 STS 表征技术

## 第一节　概　　述

研究区八区 530 井区位于新疆克拉玛依市白碱滩地区，距克拉玛依市东约 30km。地面海拔 267m，地表平坦，交通便利。研究主要针对八道湾组油藏，油藏埋深为 1500～1850m，构造为一个向东南倾的单斜，位于克－乌断裂带下盘；下部与白碱滩组不整合接触，上覆三工河组。油藏东西长 25km，南北宽 1～2km，呈狭长条带状分布于克－乌断裂下盘。油藏从下向上发育 5 个砂组，主力层为 $J_1b_5$、$J_1b_4$、$J_1b_1$。$J_1b_{4+5}$ 进一步划分为 4 个小层、10 个单层。$J_1b_5$ 为砾质辫状河沉积，$J_1b_4$ 为砂质辫状河沉积；主要发育心滩坝和辫状河道，垂向多期砂体叠置，平面上砂体连片分布。目的层孔隙度为 17.30%～20.05%，渗透率为 $9.50 \times 10^{-3}$～$21.23 \times 10^{-3} \mu m^2$。

530 井区八道湾组 $J_1b_{4+5}$ 油藏，1978 年采用 400～500m 井距反七点面积井网注水开发，截至 2015 年 12 月，采出程度为 36.49%，综合含水为 84.6%，采油速度为 0.52%。为提高老油田开发水平和采收率，迫切需要加强地下储层特征和剩余油分布情况的再认识，提高开发效果，促进老油田可持续开发。

## 第二节　研究思路及关键技术

对于老区油藏"二三结合"开发的油藏精细描述和剩余油分布研究，以往是以测井储层评价、常规的递减分析、水驱特征曲线和数值模拟研究为主，地震资料的约束力度不够，迫切需要强化地震资料的参与作用，提高老油田产量和采收率。因此，布置了 530 井区的老油田开发地震采集 $10km^2$，开展"测井－地震－油藏"一体化背景下的测井、地震资料再处理解释及储层重新评价、储层精细描述和动、静态建模等综合研究及软件研发，为油田"二三结合"调整方案的部署提供支撑。

本次研究力求通过对宽频高密度地震资料的应用，井震结合对井间砂体连通关系和不同沉积相带砂体进行识别与刻画，并对储层静态建模（逆断层的构造建模和地震约束下的属性建模）、油藏数值模拟、岩石物理建模、地震数据合成和模型质量评价与模型更新等技术进行融合应用，通过引入地震约束地质模型和油藏数模模型，从而确定剩余油分布潜力区。主要包括以下研究内容：

  （1）测井资料分析；

  （2）地震资料采集、处理与解释；

  （3）地震约束的储层静态建模；

  （4）开发动态分析；

  （5）地震约束的油藏数值模拟；

  （6）岩石物理建模与地震正演；

  （7）模型评价与更新；

  （8）剩余油分布及潜力区分析。

  针对以上研究内容，制定研究的技术路线（图 1-2-1）。

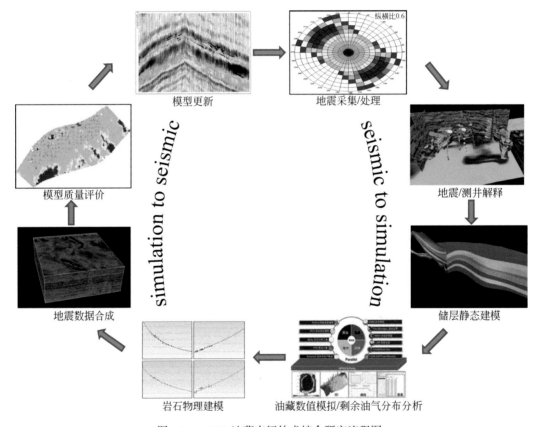

图 1-2-1 STS 油藏表征技术综合研究流程图

# 第三节 "两宽一高"地震采集技术

  按照"两宽一高"的采集方向，总体的采集技术思路为：采用更高密度、更均匀采样、宽方位的观测系统，提高目的层的信噪比，提高资料成像质量，拓宽资料频带，提高小地质体的分辨能力；采用单台震源宽频激发、单点宽频接收，提高地震资料分辨率及保真度；试验微分小面元，验证该方法提高精细刻画地质体的能力及优势。

## 一、观测系统优化技术

在叠前时间偏移试验资料的基础上，对观测系统主要参数进行对比分析，主要进行覆盖次数、排列长度、面元大小的对比分析，具体见表 1-3-1，为观测系统主要参数优化设计提供可借鉴的依据。

表 1-3-1　观测系统主要参数对比分析一览表

| 观测系统 | 面元大小 | 覆盖次数 | 道距 /m | 炮点距 /m | 接收线距 /m | 炮线距 /m | 备注 |
|---|---|---|---|---|---|---|---|
| 30L（2×3）S480R（基本方案） | 12.5m×12.5m | 2400 / 30 横 ×80 纵 | 25 | 25 | 75 | 75 | 基础方案 |
| 30L（2×6）S480R（方案 1） | 12.5m×12.5m | 1200 / 30 横 ×40 纵 | 25 | 25 | 75 | 150 | 覆盖次数对比 |
| 15L（2×6）S480R（方案 2） | 12.5m×12.5m | 600 / 15 横 ×40 纵 | 25 | 25 | 150 | 150 | |
| 15L（2×3）S480R（方案 3） | 12.5m×25m | 600 / 15 横 ×40 纵 | 25 | 50 | 150 | 150 | 面元大小对比 |
| 15L（2×3）S480R（方案 4） | 25m×25m | 600 / 15 横 ×40 纵 | 50 | 50 | 150 | 150 | |
| 30L（2×3）S390R（方案 5） | 12.5m×12.5m | 1950 / 30 横 ×65 纵 | 25 | 25 | 75 | 75 | 排列长度对比 |
| 30L（2×3）S300R（方案 6） | 12.5m×12.5m | 1500 / 30 横 ×50 纵 | 25 | 25 | 75 | 75 | |

（一）覆盖次数对比分析

在 12.5m×12.5m 面元、接收线距 75m、炮线距 75m、2400 次覆盖基本方案的基础上，隔一条炮线抽取一条炮线，形成 12.5m×12.5m 面元、接收线距 75m、炮线距 150m、1200 次覆盖方案；进一步隔一条检波线抽取一条检波线，形成 12.5m×12.5m 面元、接收线距 150m、炮线距 150m、600 次覆盖方案。在叠前时间偏移剖面上对比分析 600 次、1200 次、2400 次覆盖的效果。

图 1-3-1 为不同覆盖次数全频带叠前时间偏移剖面，可以看出，随着覆盖次数的增加，剖面信噪比增强，主要表现为在断裂附近即下盘信噪比较低区域的反射信息得到增强，断点更加清晰；对于侏罗系（反射时间约为 1.5～2.0s）及断裂上盘信噪比较高区域的影响变化相对较小。

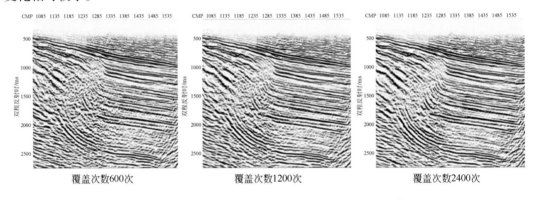

图 1-3-1　不同覆盖次数叠前时间偏移剖面对比（全频带）

图 1-3-2～图 1-3-5 为带通及高通滤波剖面，可以看出，覆盖次数对于 40Hz 以下的低频成分影响相对小些，覆盖次数的提高使深层反射能量得到加强，但整体信噪比变化不大。覆盖次数的增加有利于提高高频成分的能量和信噪比，表现在高覆盖剖面侏罗系层间反射信息更加丰富和清晰，深层反射能量强、信噪比高。因此，以提高资料分辨率为目的的地震数据采集，较高的覆盖次数（覆盖密度）是基础和前提。

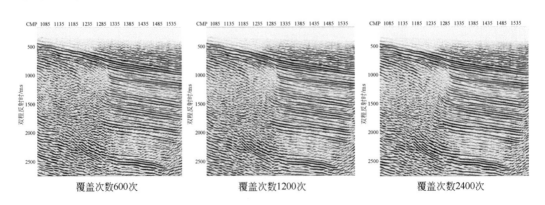

图 1-3-2　不同覆盖次数叠前时间偏移剖面对比－带通滤波（20～40Hz）

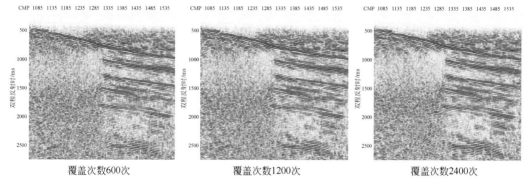

图 1-3-3 不同覆盖次数叠前时间偏移剖面对比 – 带通滤波（40 ～ 80Hz）

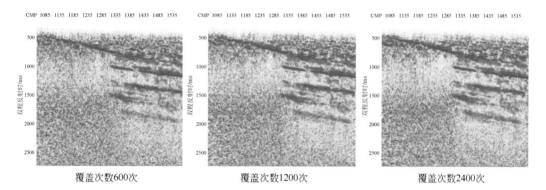

图 1-3-4 不同覆盖次数叠前时间偏移剖面对比 – 高通滤波（42 ～ 60Hz）

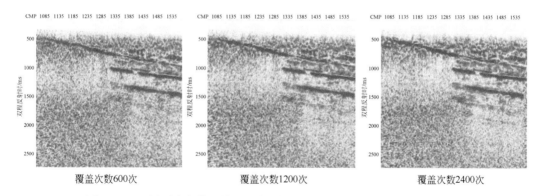

图 1-3-5 不同覆盖次数叠前时间偏移剖面对比 – 高通滤波（49 ～ 70Hz）

对不同覆盖次数叠前时间偏移剖面进行信噪比和噪声均值的定量分析（图 1-3-6，图 1-3-7），可以看出，随着覆盖次数的增加，信噪比得到提高，噪声得到压制。

综合以上对比分析，在为 STS 油藏表征技术研究提供地震采集数据时，为保证高频信息的成像效果，覆盖次数的选择应在允许的条件下尽可能高。对于试验区而言，在考虑目的层信噪比和分辨率及其经济技术一体化的情况下，覆盖次数选择大于 1200 次较为合适。

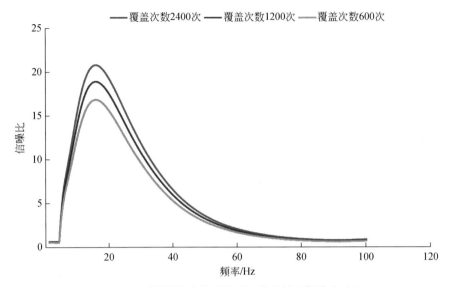

图 1-3-6　不同覆盖次数叠前时间偏移剖面信噪比对比

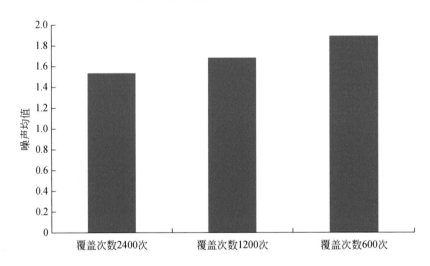

图 1-3-7　不同覆盖次数叠前时间偏移剖面噪声均值对比

（二）排列长度对比分析

在 12.5m×12.5m 面元、接收线距 75m、炮线距 75m、接收线条数 30 条、单线接收道数 480 道基本方案的基础上，采用丢掉相应的远排列道方法，分别形成单线接收道数 390 道和 300 道的方案。在叠前时间偏移剖面上对比分析 300 道（排列长度 3737.5m）、390 道（4862.5m）、480 道（5987.5m）接收的效果。

图 1-3-8～图 1-3-12 为不同接收道数（不同排列长度）全频带及其带通滤波、高通滤波叠前时间偏移剖面。可以看出，排列长度的变化对主要目的层的成像效果影响不大，300 道、390 道和 480 道在原始叠前时间偏移剖面及其带通滤波、高通滤波剖面上无明显差别。

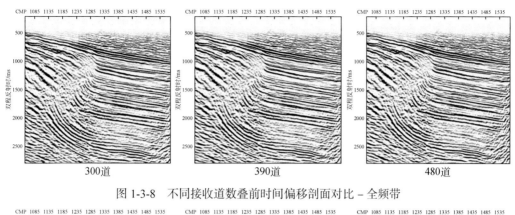

图 1-3-8 不同接收道数叠前时间偏移剖面对比 – 全频带

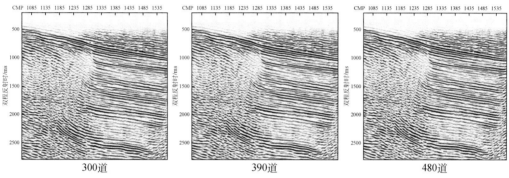

图 1-3-9 不同接收道数叠前时间偏移剖面对比 – 带通滤波（20 ～ 40Hz）

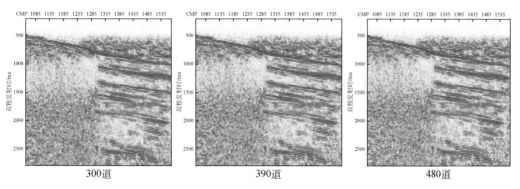

图 1-3-10 不同接收道数叠前时间偏移剖面对比 – 带通滤波（40 ～ 80Hz）

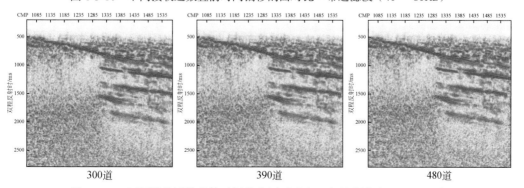

图 1-3-11 不同接收道数叠前时间偏移剖面对比 – 高通滤波（42 ～ 60Hz）

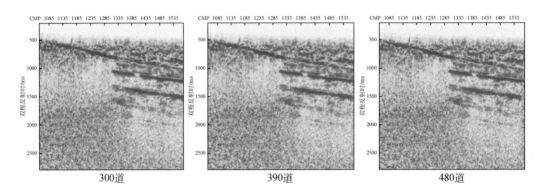

图 1-3-12　不同接收道数叠前时间偏移剖面对比 – 高通滤波（49～70Hz）

通过对比分析认为，接收道数即排列长度对资料成像效果影响很小，在选择参数时考虑保证目的层偏移孔径即可。

（三）面元大小对比分析

在覆盖次数相同的情况下，在 12.5m×12.5m 面元、道距 25m、接收线距 150m、炮点距 25m、炮线距 150m、600 次覆盖基本方案的基础上，通过抽炮、抽道的形式，形成 12.5m×25m 面元、25m×25m 面元两个方案。在叠前时间偏移剖面上对比分析 25m×25m、12.5m×25m、12.5m×12.5m 面元的效果。

图 1-3-13～图 1-3-17 为不同面元数据全频带及带通滤波、高通滤波叠前时间偏移剖面。可以看出，在原始剖面上，三者相差不大，无本质区别；在 40～80Hz 带通滤波及高通滤波剖面上，小面元剖面层间弱反射信息和深层反射信息较为丰富、能量强，说明小面元在保证高频信息接收方面具有一定优势。

综上分析，为 STS 油藏表征技术研究提供地震采集数据时，采用较小面元较为合适。

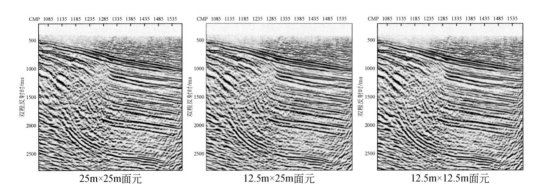

图 1-3-13　不同面元叠前时间偏移剖面对比 – 全频带

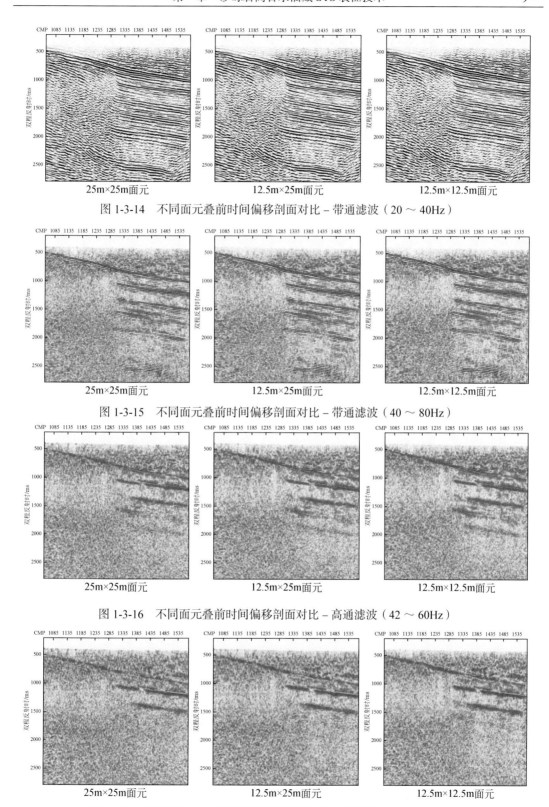

图 1-3-14　不同面元叠前时间偏移剖面对比 – 带通滤波（20 ～ 40Hz）

图 1-3-15　不同面元叠前时间偏移剖面对比 – 带通滤波（40 ～ 80Hz）

图 1-3-16　不同面元叠前时间偏移剖面对比 – 高通滤波（42 ～ 60Hz）

图 1-3-17　不同面元大小叠前时间偏移剖面对比 – 高通滤波（49 ～ 70Hz）

## 二、可控震源拓展低频激发技术

随着可控震源装备和技术的进步，实现了可控震源较低频率激发的方式，充分发挥低频信息穿透能力强的优势。相比于"十二五"期间，可控震源起始扫描频率由原来的 3Hz 降低到 1.5Hz，满幅出力最低频率小于 4Hz，拓展了扫描信号倍频程，增加了低频部分能量，使得可控震源采集达到畸变小、状态稳、效率高和频带宽的良好工作状态。

在准噶尔盆地沙漠区，采用 3 线 2 炮观测系统，1500 次覆盖，相同排列接收，可控震源 1 台 1 次，出力 65%，扫描长度 20s，对比了扫描频率 1.5 ～ 84Hz 和 3 ～ 84Hz 的激发效果，见图 1-3-18，叠前偏移剖面区别不明显，从频谱分析看，扫描频率 1.5 ～ 84Hz 在低频段（小于 7Hz）能量强于 3 ～ 84Hz 扫描，中高频没有明显区别；从低通滤波剖面（图 1-3-19，图 1-3-20）来看，区别明显，1.5 ～ 84Hz 激发侏罗系以下地层信噪比明显提高。

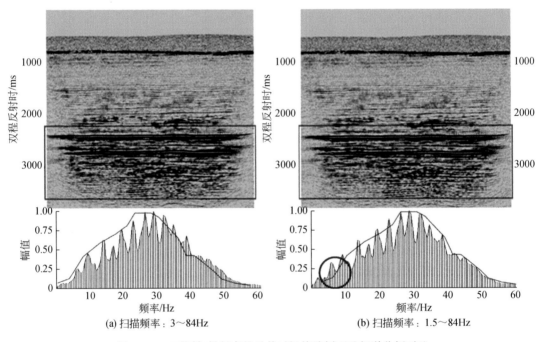

(a) 扫描频率：3～84Hz　　　　(b) 扫描频率：1.5～84Hz

图 1-3-18　不同扫描频率的叠前时间偏移剖面及频谱分析对比

由此可见，降低可控震源低频扫描频率（从 3Hz 降到 1.5Hz），能有效拓展资料低频信息。

## 三、高精度单只检波器宽频接收技术

地震检波器作为野外数据采集过程中最为关键的采集前端设备，其性能及所采集的数据质量直接关系到后续的处理解释等各个环节。随着高分辨率勘探的深入，对地震数据采

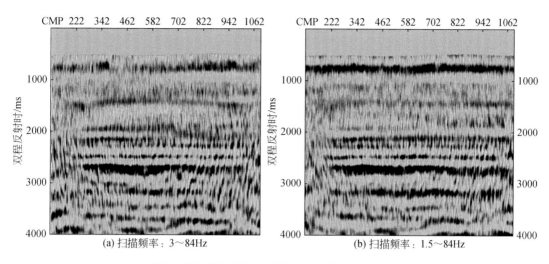

(a) 扫描频率：3～84Hz　　　　　(b) 扫描频率：1.5～84Hz

图 1-3-19　不同扫描频率的叠前时间偏移剖面对比（2～3Hz 低通滤波）

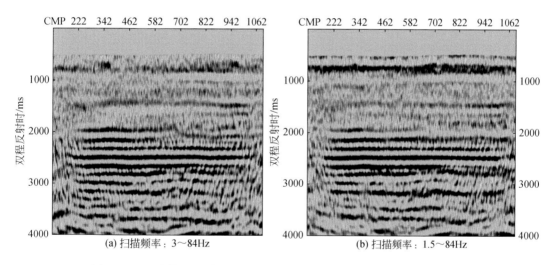

(a) 扫描频率：3～84Hz　　　　　(b) 扫描频率：1.5～84Hz

图 1-3-20　不同扫描频率的叠前时间偏移剖面对比（3～5Hz 低通滤波）

集质量提出了新的要求。特别是对宽频带、高保真、高信噪比的低成本采集要求越来越迫切。单只模拟检波器由于避免了常规串检波器的降频、混波等缺点，备受业界重视。

在准噶尔盆地西北缘进行了 30DX-10（单串 10Hz）、SN5-10（单只 10Hz）、SG5（单只 5Hz）三种检波器接收效果的对比试验。

图 1-3-21 和图 1-3-22 为不同型号检波器叠加剖面片段分频扫描对比，从不同频段叠加剖面上看：SG5 型单只检波器低频略强；在中高频段，单只检波器接收效果与单串检波器相当。由此可见，宽频检波器更有利于接收更加宽频的有效反射信息。

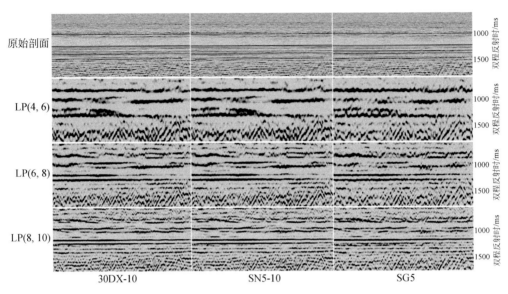

图 1-3-21　不同型号检波器叠加剖面分频扫描（低频）（LP 为低通滤波，单位 Hz）

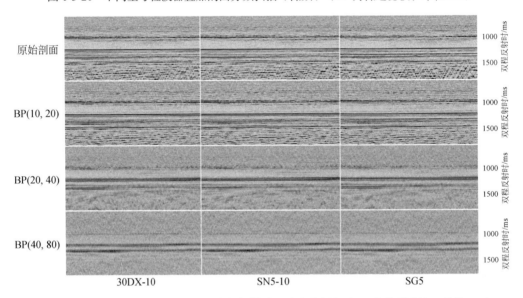

图 1-3-22　不同型号检波器叠加剖面分频扫描对比（中高频）（BP 为带通滤波，单位 Hz）

目前，在准噶尔盆地地震采集项目中，宽频检波器已得到大面积推广应用，实现了地震资料信号无改变的原生态接收。

## 四、采集效果分析

从试验区原始叠前时间偏移剖面反映的地质特征看（图 1-3-23），对主要目的层侏罗系反射特征反映比较清楚，频率和信噪比较高，各层系之间的接触关系以及展布特征反映均比较清晰；对三叠系、二叠系以及石炭系的特征也有较好地反映。从剖面扫描频率（图 1-3-24，图 1-3-25）看，在克 – 乌断裂下盘，侏罗系顶部及以上地层频率较高，可以达到 100Hz，侏罗系中部频率可达 80Hz 左右，侏罗系底部频率可以达到 60Hz 左右，三叠

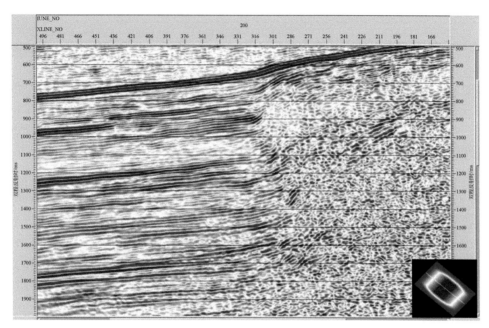

图 1-3-23　试验区典型叠前时间偏移剖面

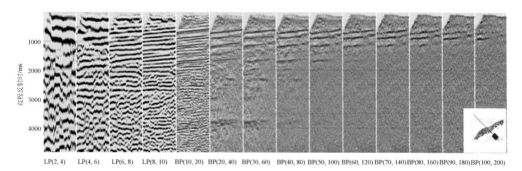

图 1-3-24　试验区断裂下盘剖面扫描频率图

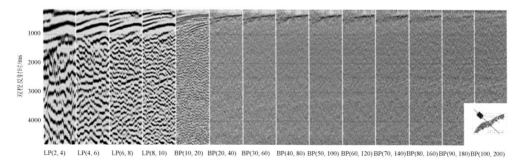

图 1-3-25　试验区断裂上盘剖面扫描频率图

系及以下地层的频率小于 40Hz；在克 – 乌断裂上盘，除了侏罗系及以上地层频率能达到 100Hz 外，其下覆的石炭系等地层扫描频率均小于 20Hz，但这已不是本次勘探的主要目的层。总体来讲，本次试验工作能够为进行 STS 油藏表征技术研究提供良好的地震采集数据。

# 第四节　STS 油藏表征地震处理技术

为 STS 油藏表征地震处理技术提供可靠的地震数据是本次处理的一项重要地质任务。以相对保持储层信息条件下提高分辨率的处理为指导理念，在整个处理过程中重视每一个处理环节，遵守严格的质量监控体系。处理流程采用传统关键处理技术与特色处理技术相融合的方式。比如，资料处理中特别注意了几种静校正算法的优选、合理的去噪、地震波传播中的吸收衰减补偿、高精度速度求取和地震成像参数的选取等。同时，基于 STS 油藏表征地震处理技术中对叠置砂体描述、小断层与裂缝识别的资料需求，以及本次"两宽一高"（宽方位、宽频带和高密度）采集资料基础，处理时还采用了以下几种特色关键技术：十字交叉锥形滤波技术、宽频保护技术、沿层和网格层析融合提高深度 – 速度建模精度和效率的技术序列。

## 一、规则线性干扰压制技术

面波、折射波、声波等规则干扰尤其是地滚波具有能量强、视速度低、频带较宽的特点，使得这些地震波在不同的数据域表现出了不同的特征。在宽方位采集中，常用的正交观测系统更有利于地震数据经过分选而形成十字排列状的最小地震数据子集（或称十字交叉排列道集）。在十字排列中，具有相同绝对炮检距的地震道的中心均在一个圆上。因此，具有常速的同相轴在十字排列数据的横切面上表现为圆形，在三维空间表现为圆锥。如图 1-4-1 所示，面波噪声虽然速度有所不同，但是具有若干个线性同相轴，在十字排列 FKK（频率波数域）中形成一个类似锥体，且其顶点位于点震源上。在纵剖面上，面波被视为一个三角形。在时间切片上，面波被视为一个圆环。高密度采集数据的空间采样能够满足面波等规则干扰每个波长内至少两个样点的采样要求，且面波等规则干扰不会形成假频或畸变，这样通过设计频率和速度门槛，达到比常规去噪方法更好实现信噪分离，进而压制面波的效果。

图 1-4-2 是本次资料处理中锥形滤波前后的十字排列横截面图。从图中可以看到低频线性面波噪声得到了很好的压制，同时保留了有效信号。图 1-4-3 和图 1-4-4 是噪声压制前后的单炮和叠加剖面。对比可以发现，基于本次采集资料的宽方位特性，应用锥形滤波后，混杂在信号中的低频噪声得到较好的压制，有效信号得以突出，叠加剖面中的有效同相轴聚焦程度得到加强。

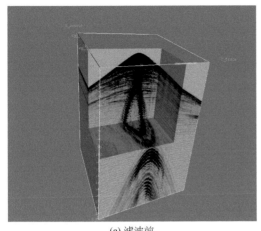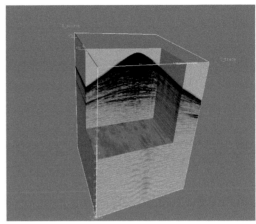

(a) 滤波前　　　　　　　　　　　　　　　　(b) 滤波后

图 1-4-1　十字排列锥形滤波技术

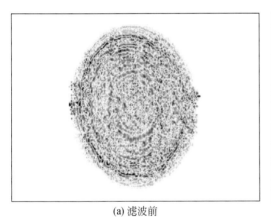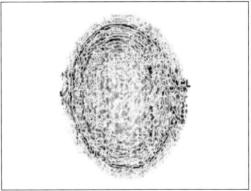

(a) 滤波前　　　　　　　　　　　　　　　　(b) 滤波后

图 1-4-2　十字排列子集去噪前后水平切片

## 二、宽频处理技术

地震数据处理中，在近地表的大地吸收造成的信号衰减得到了较好的补偿后，时间和空间方向的振幅、频率差异基本可以消除。但是，激发子波的差异仍然不能得到更好的去除，其原因是激发子波的形态除了由频带宽窄决定外，相位和虚反射差异是主要影响因素。相位和虚反射的空间变化主要受近地表的风化层厚度和潜水面变化的影响，使得实际采集中的空间激发子波变化通常十分剧烈。这时，可以采用反褶积技术来消除激发子波变化、压缩子波，从而达到提高地震资料分辨率的目的。事实上，反褶积技术一直是地震资料处理三大技术之一，是提高地震资料分辨率不可或缺的技术。

地震勘探的分辨率决定了地震勘探的能力与精度，提高地震分辨率一直是地震勘探技术发展不断追求的目标。然而，低频信息在地震数据处理中的反褶积技术、速度分析和动校正、叠加和偏移中都有较好的作用。比如，地震波的低频成分比高频成分具有更高的抗屏蔽及吸收能力，因此利用地震低频信息能够提高深层速度的精度和成像质量，进而用来提高地震分辨率与成像精度，改善反演质量，甚至直接进行油气检测，所以同样需要得到有效保护与拓展。

基于本次宽频可控震源资料，采用两步法统计反褶积能够很好地拓宽频带、提高高频成分，进而提高资料分辨率。对于低频成分，从吸收衰减补偿和提高分辨率开始，就注意了对低频信息的保护。比如，采用时间频率域的几何吸收扩散补偿专利技术解决近地表问题和子

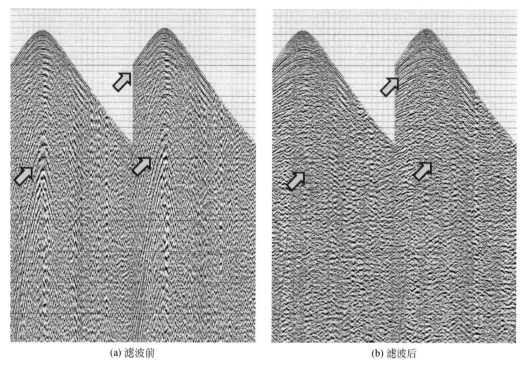

(a) 滤波前            (b) 滤波后

图 1-4-3 频率波数域（FKK）滤波前后单炮

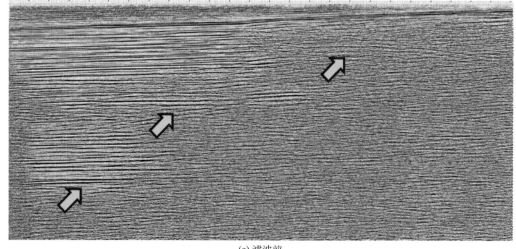

(a) 滤波前

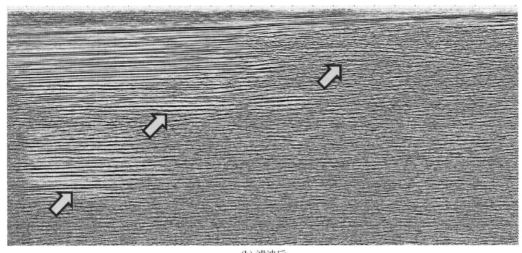

(b) 滤波后

图 1-4-4　频率波数域（FKK）滤波前后叠加剖面

波一致性时，采用的时频补偿算法对资料中的低频信息采取了压制保留而非去除的方式，这为后期提高或增强原始资料中固有而非人为增加的低频有效信号提供了基础。后期的低频信息增强和保护技术正是基于数据中保留了固有的低频信号，采用基于数据驱动的自适应补偿方法，以地震子波估计为基础，通过估算地震数据的地震子波、用褶积方式拓宽数据中的中低频成分，保留高频成分，从而达到保护地震数据中低频信号并提高分辨率的目的。

图 1-4-5 和图 1-4-6 给出了提高分辨率技术应用前后的一些相关监控图件，从空间所

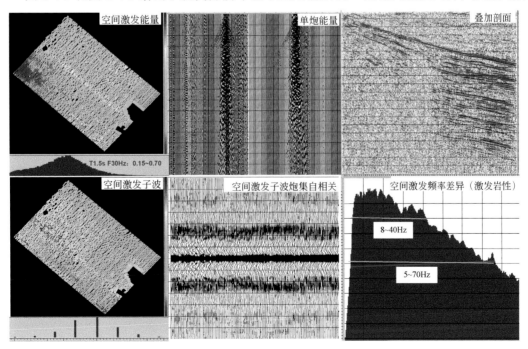

图 1-4-5　提高分辨率技术应用前的工区平面能量、子波、单炮和剖面展示

有炮点（炮集）到叠加剖面的能量，从空间子波一致性到沿激发线的激发子波到频谱能量，可以看到提高分辨率技术应用后的空间能量一致性改善明显，子波类型得到压缩、频谱得到拓宽、分辨率得到提高。图 1-4-7 给出了低频保护技术应用前后的成果剖面和处理流程。可以看到，低频保护模块应用后，低频信息得以保护或增强，有利于后续解释等工作的展开。

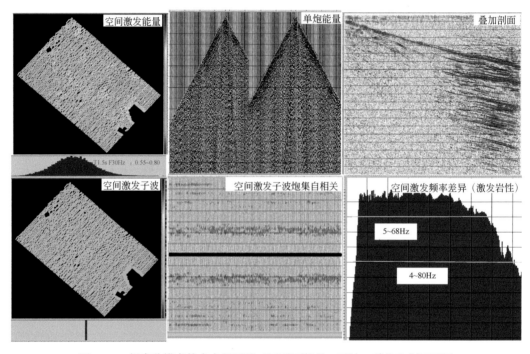

图 1-4-6 提高分辨率技术应用后的工区平面能量、子波、单炮和剖面展示

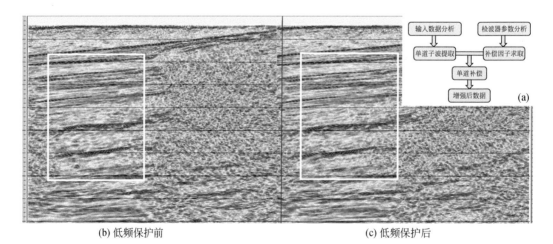

图 1-4-7 低频保护技术应用流程（a）和处理前（b）后（c）剖面

## 三、叠前深度偏移速度混合建模技术

当上覆地层复杂或速度存在剧烈横向变化时，叠前时间偏移技术不能满足复杂地区构造成像的要求。而叠前深度偏移技术具有复杂构造成像能力，可以适应速度的横向剧烈变化，在构造上能体现由于速度差异而造成的变化，反映地质构造的真实形态。

本次偏移主要应用了积分法叠前深度偏移算法，其数学表达式如下：

$$u(x, y, z, 0) = \frac{1}{\pi} \sum \beta_s \beta_g \cos^2\theta f_s f_g u(x_0, y_0, 0, t_s + t_g)$$

式中，$\beta_s$、$\beta_g$ 分别为与炮点、检波点有关的加权因子；$f_s$、$f_g$ 分别为与炮点、检波点有关的滤波因子；$t_s$、$t_g$ 分别为成像点到炮点、检波点的旅行时；$u(x_0, y_0, 0, t_s + t_g)$ 为地面接收的波场；$u(x, y, z, 0)$ 为地下成像。旅行时 $t_s$、$t_g$ 分别由程函方程的有限差分解获得。

积分法叠前深度偏移算法使用层速度模型，考虑了射线通过界面时遵循斯涅耳定律（折射定律）产生的折弯，等效于有限差分法折射校正的作用。该方法的成像效果取决于积分求和的近似程度。旅行时计算技术是 Kirchhoff 积分法偏移的核心，而层速度又是决定旅行时计算的关键参数，所以速度模型的求取精度非常重要。

基于目标区地震资料的覆盖次数多、数据量大等特点，经过试验和目标线的测试，制定了如图 1-4-8 所示的深度速度建模流程。该流程采用从浅到深、从基本模型趋势到精细网格内信息求取、从先求取满足地质约束的稳定速度框架，逐步过渡到地质层内求取更精细速度。具体而言，首先采用基于沿层解释的反射波沿层层析成像方法和近地表速度融合求取速度模型，然后采用基于反射波网格层析成像方法进一步优化至精度满足要求。为了配合速度建模，建模过程中采用了积分法、高斯束叠前深度偏移算法来提高效率，最后使用 Kirchhoff 叠前深度偏移算法进行体偏（三维数据体偏移）。

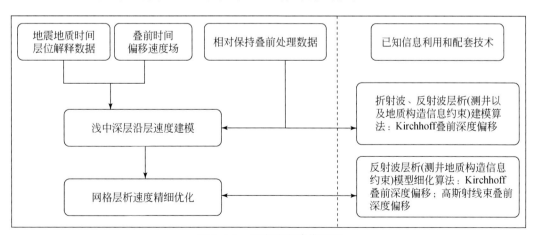

图 1-4-8　深度速度建模流程

基于沿层层析的速度建模方法，需要在时间（或深度）偏移剖面解释层位，进行沿层层速度拾取和分析。使用初始层速度场完成叠前深度偏移后，在沿层剩余深度谱上，拾取或调整层位的深度剩余量，估算速度变化。同相轴时间差或深度差能够反映速度误差，且该时差能够在偏移后的道集同相轴上观测到，所以可通过分析深度剩余量得到速度变化量并更新当前的速度模型，进而实现叠前深度偏移速度的迭代。

沿层层析反演方法具有地质格架约束含义。该反演算法允许模型层间速度纵向变化和层内速度的横向变化，反演方法具有较强的稳定性。但层位之内纵向速度往往以常数充填或以梯度改变为主，因此该方法对求取速度场的低频趋势更有效。

图 1-4-9 给出了沿层层析反演的建模流程。主要步骤为 4 步：

（1）基于 CRP（共反射点）道集拉平准则的深度剩余时差拾取；

（2）建立基于输入速度模型与剩余延迟的线性方程组；

（3）以最小化观测剩余时差为目标，求解线性方程组，得到速度更新量；

（4）用求取的该变量更新上一轮速度并迭代优化直至最终。

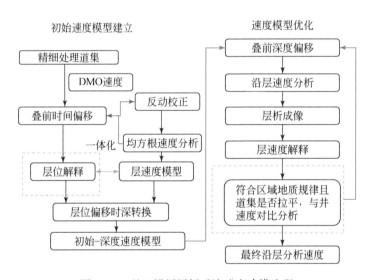

图 1-4-9　基于沿层层析反演速度建模流程

图 1-4-10～图 1-4-14 给出了沿层速度迭代过程中的一些相关或质控图件。对比图 1-4-10 和图 1-4-11，我们发现从沿某一 CIP（共成像点）道集的同相轴拉平程度、垂向剩余归零情况，或者沿较大地质层的沿层剩余时差偏离零值线程度来看，沿层优化后，速度模型衡量指标改善明显。图 1-4-12～图 1-4-14 给出了一条优化前后的速度剖面和对应的偏移结果及部分放大显示。从图 1-4-12 中可以看出，速度优化后，地震分层明显的同相轴更准确，层间细节有所改善，但是层内速度垂向上是常数充填。从图 1-4-13 和图 1-4-14 可以看到，经过速度优化后，对应的中深层偏移成像在断层附近和大断层影响较大部分（图 1-4-14 红色方框所标示），其同相轴产状更加准确，聚焦加强，更加符合地震地质规律，剖面的整体成像品质有所改善。

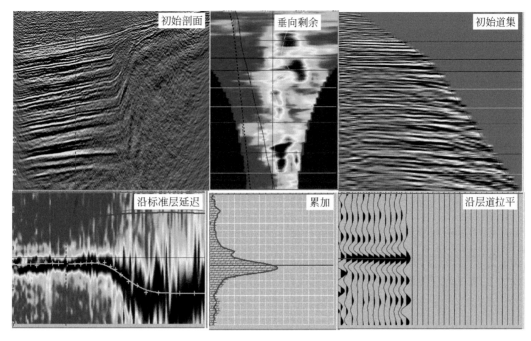

图 1-4-10　沿层层析反演前速度场对应的成像图件

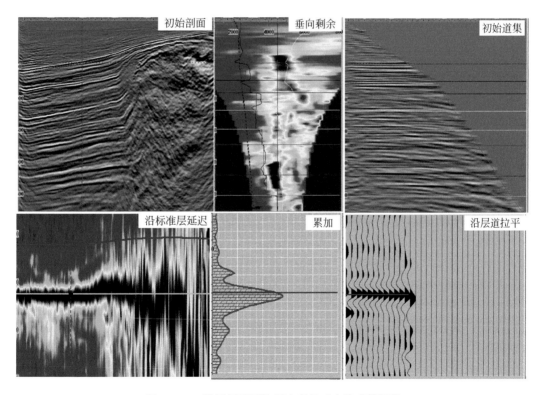

图 1-4-11　沿层层析反演后速度场对应的成像图件

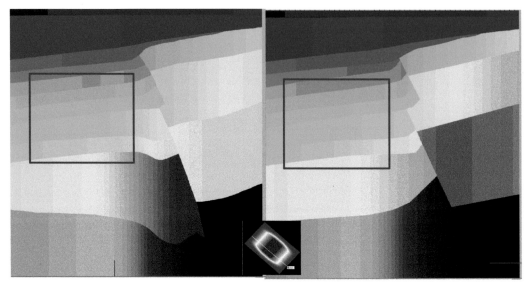

(a) 沿层层析前　　　　　　　　　　　　　　(b) 沿层层析后

图 1-4-12　沿层层析反演前（a）后（b）对应的速度场

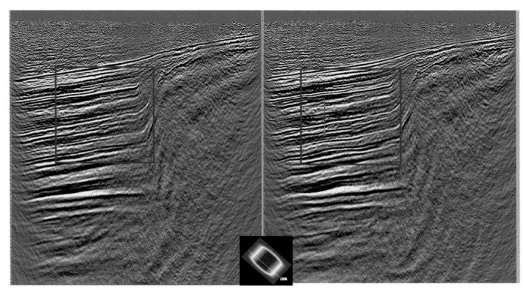

(a) 沿层层析前　　　　　　　　　　　　　　(b) 沿层层析后

图 1-4-13　沿层层析反演前（a）后（b）对应的速度场偏移结果

　　网格层析的速度建模方法可以是一种无层位约束的层析反演方法，它通过在 CRP 道集上拾取剩余时差、在偏移剖面上拾取倾角导向参数，进而对速度模型进行更新和修改。由于没有层位约束，其速度模型可在横向和纵向上变速，求取的结果具有更丰富的细节变化。但是该方法受初始模型的影响，迭代收敛的速度模型可能是局部极值，而不是最终要求的速度模型。

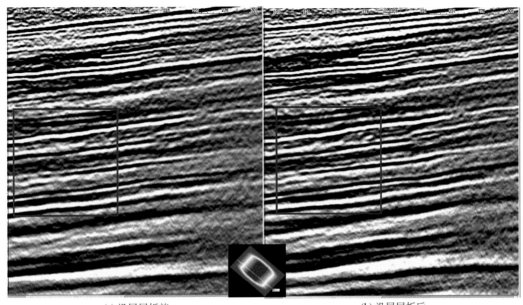

(a) 沿层层析前                                    (b) 沿层层析后

图 1-4-14  沿层层析反演前（a）后（b）对应的速度场偏移剖面（图 1-4-13 放大）

考虑到沿层层析的层位具有地质含义和层析结果的宏观准确性，采用以沿层层析方法求取的速度为初始模型，进行浅中深层的网格层析成像反演。其核心思想是沿地质解释层位的反射波层析成像解决速度模型的低频趋势，在此基础上，利用基于反射波的网格层析进一步细化中深层速度高频部分，最后达到提高速度模型精度的目的。

在速度建模过程中，每一轮的速度迭代均要运行叠前深度偏移，这是很费时间的一项任务。因此，进行网格层析速度建模时采用了高效高斯射线束偏移和层析速度建模工具软件联合进行速度建模。其主要建模流程见图 1-4-15 和图 1-4-16。如图 1-4-15 所示，速度建模迭代流程主要由束偏移和层析反演两个主要过程交替完成。其中，束偏移提供道集和偏移剖面，依靠层析计算的改变量来更新对应的速度。图 1-4-16 给出了束偏移和网格层析的工作流程。其中，网格层析速度主要通过以下五大步骤与束偏移联合建模：偏移剖面上扫描地层倾角、偏移道集上计算剩余时差、层析射线追踪、层析反演、井约束速度更新。

图 1-4-17 给出了网格层析建模过程中的一些图件。在网格层析速度建模过程中，首先从道集中拾取剩余时差，然后求取速度改变量，进而修改原始速度。根据修改后的速度与偏移剖面的吻合度显示，可以随时监控速度建模信息的准确性，并调整层析参数。

图 1-4-18 ～图 1-4-20 给出了网格层析反演前后的速度模型和对应的偏移剖面。从图中可以看出，利用基于反射波沿层层析反演和网格层析反演的优势互补性，在层位层析反演得到的速度框架和低频背景下，以沿层层析的反演结果为初始模型，然后进行网格层析联合反演，得到了较准确速度模型。网格层析引入了更多的模型细节变化，且高频细节具

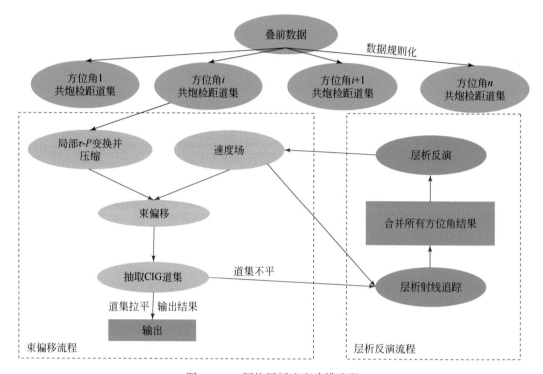

图 1-4-15　网格层析速度建模流程

CIG（common imaging gather）= 共成像点道集

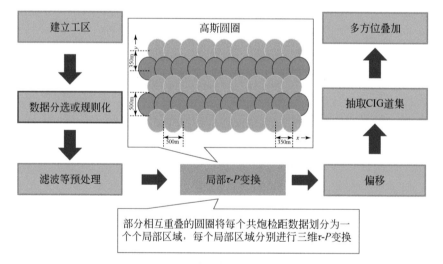

图 1-4-16　高斯射线束工作流程

有明显的地质含义。

最终速度场的体偏移采用了 Kirchhoff 积分法叠前深度偏移算法。积分法叠前深度偏移具有复杂构造成像的优势，主要表现在地质构造的正确归位、对断层附近的地层接触关系和地质现象的合理描述等。

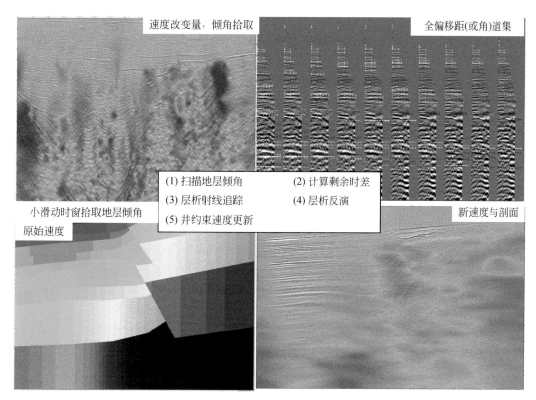

图 1-4-17　网格层析建模控件

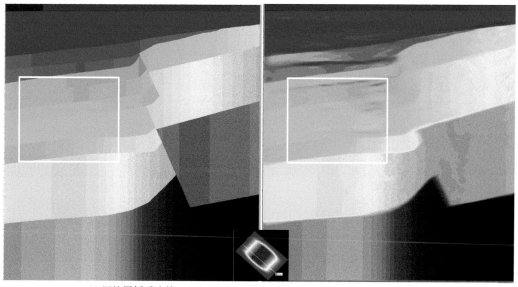

(a) 网格层析反演前　　　　　　　　　　　　(b) 网格层析反演后

图 1-4-18　网格层析反演前（a）后（b）对应的速度场

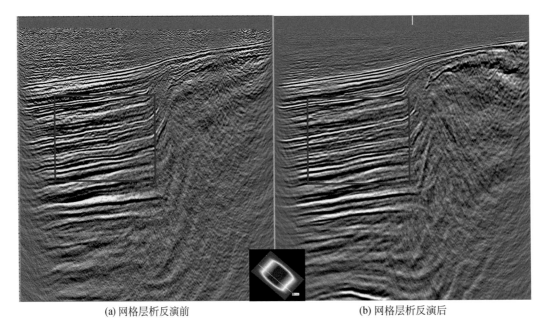

(a) 网格层析反演前         (b) 网格层析反演后

图 1-4-19　网格层析反演前（a）后（b）对应的速度场偏移结果

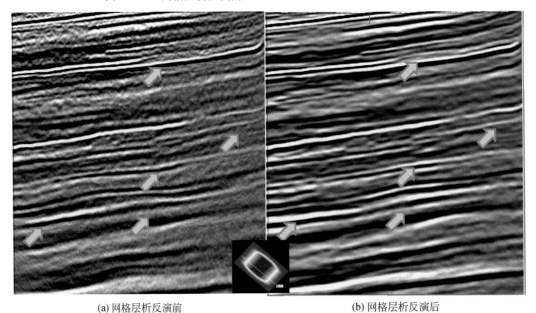

(a) 网格层析反演前         (b) 网格层析反演后

图 1-4-20　网格层析反演前（a）后（b）对比（图 1-4-19 局部放大）

　　图 1-4-21 是积分法叠前偏移控制线的对比剖面。图 1-4-21（a）是积分法叠前深度偏移剖面；图 1-4-21（b）是积分法叠前时间偏移剖面。从图中可以观察到：积分法叠前深度偏移剖面空间能量强弱关系比较清晰，表现出明显的符合研究区逆断层的波组特征。但是，受上盘断层的影响，叠前时间偏移速度模型和偏移算法都无法正确成像，尤其是断层附近，时间偏移的同相轴产生了变形，这会影响层位解释及地质认识。

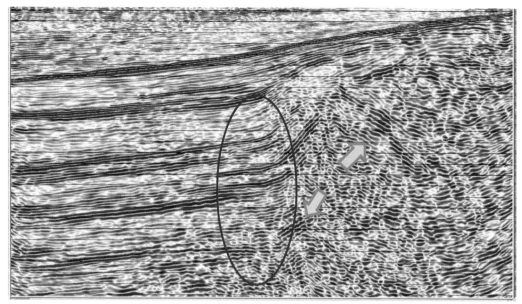

(a) 叠前深度偏移

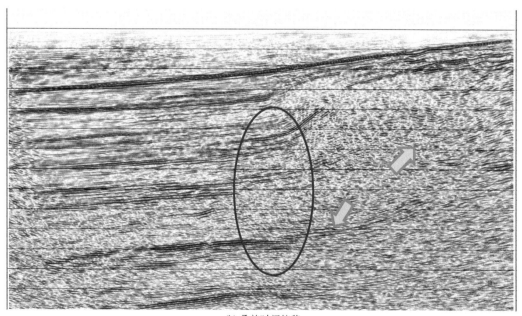

(b) 叠前时间偏移

图 1-4-21　叠前深度偏移与叠前时间偏移

　　综合分析以上从时间到深度的成像研究，在相对保持地震数据处理基础上，积分法叠前时间偏移成果在构造解释上好于叠后时间偏移成果，但储层解释仍面临一定挑战。以叠前时间偏移处理为基础开展的积分法叠前深度偏移成像，其结果在构造解释上好于叠后时间偏移和叠前时间偏移处理，但在储层解释方面，仍需进行更进一步的研究。

积分法叠前深度偏移的处理过程是一个自我学习和迭代的过程。在速度建模过程中，同时修正速度值和解释层位，使速度模型逐步趋于正确和合理。基于沿层建模基础上的网格层析，需要逐步加密网格和修改参数，使迭代逐步收敛到正确的解上去，并最终提高叠前深度偏移的成像质量。

## 四、新老资料对比分析

为了考察本次"两宽一高"采集资料的质量，分析本次偏移成像存在的不足及原因，我们充分利用覆盖了本工区的 2008 年的二次三维资料，进行不同方式的截取、融合和对比分析。

第一组对比图（图 1-4-22）包括从 2008 年的老资料中截取与新资料（2017 年）工区范围相同数据的叠前时间偏移剖面（a），在新工区范围基础上，沿联络线方向两侧各扩展近 1 倍后的 2008 年的老资料偏移剖面（b），以及 2008 年全工区资料的叠前时间偏移剖面（c）。对比发现，扩大了范围后的资料在中深层和边界处成像有所改善。但是只对一个方向扩边或扩边长度不够的话，资料品质尤其是断层成像改善较小。而全工区资料的叠前时间偏移，由于满足了各方位孔径内数据的要求，成像得到大幅度改善。尤其表现在上盘内幕、断层断裂带和中深层成像精度上。所以对逆断层存在的研究区，资料面积对成像结果影响较大。

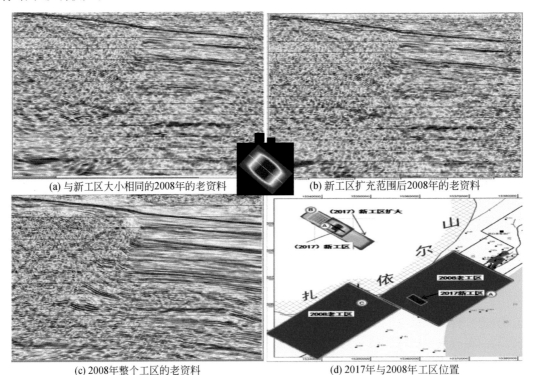

(a) 与新工区大小相同的2008年的老资料　　　　(b) 新工区扩充范围后2008年的老资料

(c) 2008年整个工区的老资料　　　　(d) 2017年与2008年工区位置

图 1-4-22　不同面积的 2008 年的老数据叠前时间偏移剖面

第二组对比图（图 1-4-23）是截取与新资料工区范围相同的 2008 年的老资料与新资料的叠前时间偏移成像对比。对比发现同等大小工区，老资料的成像在断层收敛的干脆性、下盘同相轴的成像连续性以及中深层成像精度上，都不如新资料成像效果好，说明本次基于"两宽一高"高效可控震源采集是比较成功的。

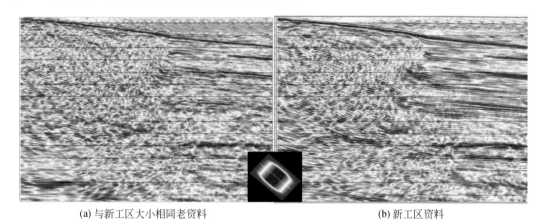

(a) 与新工区大小相同老资料　　　　　　　　　　(b) 新工区资料

图 1-4-23　同面积的 2008 年的老数据与 2017 年的新数据的叠前时间偏移剖面

第三组对比图（图 1-4-24）是选择 2008 年的老资料在新资料工区范围基础上沿联络线方向两侧各扩展近 1 倍后的叠前时间偏移成像与新资料同样扩边后同等面积大小的偏移成像对比，从直观来看，扩展数据后的 2008 年的老资料和本次资料偏移成像改善不明显。但是仔细分析能够发现，扩大数据后，新资料对应的剖面在断层附近、深层和边界处的成像精度有所提高，所以适当扩大成像孔径内的数据对本区断层和深层成像是有利的。同时也表明此次新采集的资料品质比 2008 年采集的资料品质有所提升。

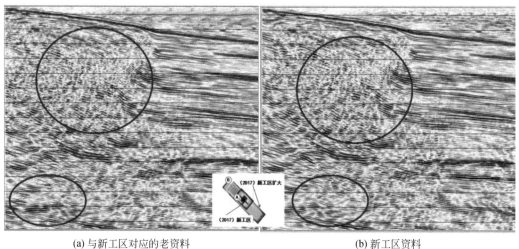

(a) 与新工区对应的老资料　　　　　　　　　　(b) 新工区资料

图 1-4-24　同面积的 2008 年的老数据与 2017 年的新数据的叠前时间偏移剖面

# 第五节　油藏表征技术

## 一、测井资料分析

530 井区八道湾组油藏勘探开发从 20 世纪 60 年代开始至今已历经 50 余年，测井资料比较繁杂。本次收集到工区不同层位及周边井测井资料 430 口，其中 530 井区地震工区内有 285 口井，满覆盖的 $10km^2$ 内有 182 口井。收集到的测井曲线相对齐全（表 1-5-1）。

表 1-5-1　测井资料收集情况表

| 收集资料 | | 530 井区八道湾组 | | |
|---|---|---|---|---|
| | | 目标区 | 地震工区内 | 研究合计收集 |
| 井基础信息 | 井数量 | 182 | 285 | 430 |
| | 井坐标 | 182 | 285 | 430 |
| | 井斜 | 182 | 283 | 422 |
| | 测井曲线 | 129 | 205 | 289 |
| 成果数据 | 分层数据 | 138 | 230 | 328 |
| | 岩性 | 110 | 173 | 241 |
| | 沉积相 | 142 | 220 | 236 |
| | 隔夹层 | 18 | 4 | 18 |
| | 油水层解释结论 | 96 | 153 | 198 |
| | 成果曲线 | 130 | 195 | 272 |

530 井区八道湾组共收集到取心井 8 口，收集到的各类分析化验资料主要包括孔隙度、渗透率、相渗、饱和度、薄片鉴定、粒度分析和敏感性分析等资料。其中 T8815 井、T8816 井、J591 井三口井的分析化验资料相对齐全（表 1-5-2）。

表 1-5-2　测井资料收集情况表

| 井号 | 常规分析 / 块 | | | | | | | 特殊分析 / 块 | | | |
|---|---|---|---|---|---|---|---|---|---|---|---|
| | 孔隙度 | 渗透率 | 饱和度 | 薄片鉴定 | 粒度分析 | 重矿物 | 敏感性分析 | 压汞 | 相渗 | 润湿性 | 铸体薄片 |
| 436 | 7 | 7 | | | | | | | | | |
| 8809 | 70 | 70 | | | | | | | 3 | 15 | |

续表

| 井号 | 常规分析 / 块 | | | | | | | 特殊分析 / 块 | | | |
|------|--------|--------|--------|----------|----------|--------|----------|------|------|--------|----------|
| | 孔隙度 | 渗透率 | 饱和度 | 薄片鉴定 | 粒度分析 | 重矿物 | 敏感性分析 | 压汞 | 相渗 | 润湿性 | 铸体薄片 |
| 8826 | 132 | 132 | | | | | | | | 3 | 17 |
| T8815 | 106 | 106 | 37 | 54 | 16 | | 15 | 7 | 5 | 7 | 17 |
| T8816 | 21 | 21 | 6 | 12 | 3 | | 9 | 8 | | | 11 |
| J591 | 115 | 115 | 76 | 8 | 12 | | 15 | 26 | 25 | 24 | 27 |
| T88836 | 190 | 190 | 199 | | | | | | | | |
| T88959 | 113 | 113 | 108 | | | | | | | | |
| T88724 | 181 | 181 | 130 | | | | | | | | |

（一）测井资料预处理

这些井的测井资料前后时间跨度较长，测井时使用的仪器性能亦不尽相同，而不同的测井仪器之间差异较大，因此需要对测井数据进行预处理。在资料研究和分析过程中，发现部分井的曲线出现较多极值，且在之前的研究中，没有做到很好的校正，图 1-5-1 为研究区选择的 18 口井的密度与中子曲线分布的散点图，从图中可以看出，密度曲线与中子曲线存在部分不符合地质规律的异常值点，去除这些异常值后，可以看到曲线的分布区间更加收敛，符合对研究区的地质认识。

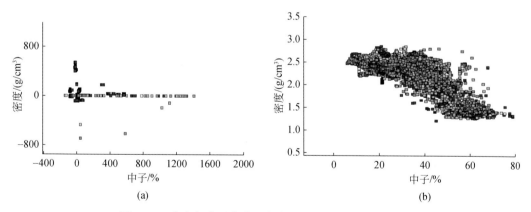

图 1-5-1　密度与中子曲线异常值去除前（a）后（b）对比

（二）储层四性关系研究

图 1-5-2 是八区八道湾组 $J_1b_4$ 和 $J_1b_5$ 两个主力生油层段的平均孔隙度和平均渗透率分布图。从图上可以看出，$J_1b_4$ 储层的孔隙度主要分布在 15% ～ 22%，平均为 18.7%，好于 $J_1b_5$ 储层的孔隙度 17.3%，但是，孔隙度最好的储层却是 $J_1b_5^{1-1}$。

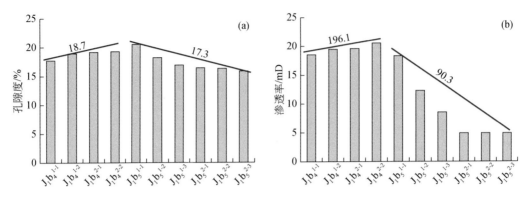

图 1-5-2　目的层段平均孔隙度（a）和平均渗透率（b）直方图

目的层段储层的渗透率数值差比较大，$J_1b_4$ 层的平均渗透率为 196.1mD[①]，而 $J_1b_5$ 层的平均渗透率为 90.3mD，其中，$J_1b_5^2$ 段储层的渗透率尤其低，每个小层的渗透率均值均在 50mD 以下。

**1. 岩性与电性的关系**

研究发现，本区自然电位曲线能够很好地区分储层与非储层。但自然电位曲线垂向分辨率较差，且不能对砂岩、砾岩进行区分。通过对比岩心剖面，发现 530 井区八道湾组 $J_1b_{4+5}$ 岩性敏感参数主要有原状地层电阻率（RT）、中子孔隙度（CNL）和声波时差（AC）。泥岩测井曲线特征表现为低自然电位、低电阻率、高密度值、高中子值；砂砾岩测井曲线特征总体表现为高电阻率、高密度值、低伽马（部分为较高伽马）值、低中子值、低声波时差；中细砂岩表现为低密度值、中电阻率、低伽马值，介于泥岩和砂砾岩中间（图 1-5-3）。

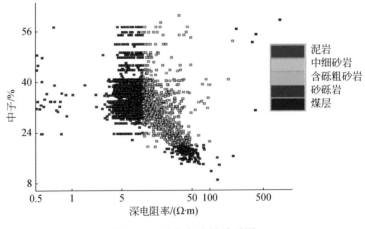

图 1-5-3　岩性与电性关系图

① 1D=0.986923×10⁻¹²m²

**2. 电性与含油性的关系**

一般来说，储层的电阻率越高，其含油饱和度越高。根据核磁共振的检测结果，对研究区电性与含油性特征进行了分析，认为随着含油饱和度的降低，储层的电阻率明显降低。而研究区油藏经过 50 多年的开发，水淹已经非常严重。水淹程度越高，密度越高，声波时差越高，水淹程度与物性相关程度较大，受物性控制的作用比较明显。

研究区岩心及录井资料表明，含油岩性一般为细砾岩、中粗砂岩、细砂岩及粉砂岩，粉砂级以下的泥质粉砂岩及砂质泥岩基本不含油。试油资料、录井资料与电测资料对比分析表明，该区油层电阻率（RT）一般大于 $20\Omega\cdot m$，水淹程度、物性、电阻率综合控制含油性的好坏（图 1-5-4），电阻率是孔隙流体与岩性的综合反映。

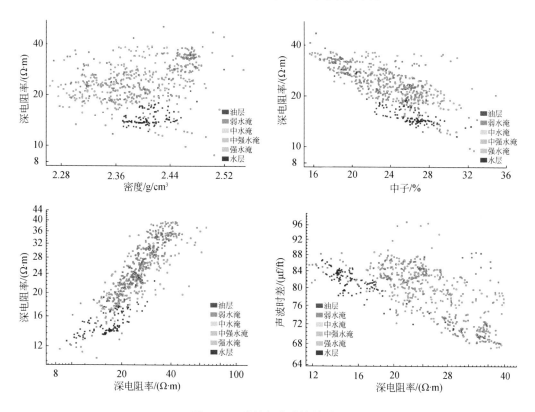

图 1-5-4　岩性与含油性关系图

1ft=3.048×10$^{-1}$m

**3. 波阻抗与岩性的关系**

根据单井岩性解释结果，对研究区的波阻抗与岩性的关系进行了分层段研究。尽管砂岩、泥岩、砾岩可以通过不同测井曲线组合进行识别，但是在目前还难以单纯通过波阻抗把它们区分开。如图 1-5-5 所示，$J_1b_4$ 和 $J_1b_5$ 砂层组泥岩与粗中细砂岩波阻抗分布区间基本重叠，与砂砾岩也有部分重叠。

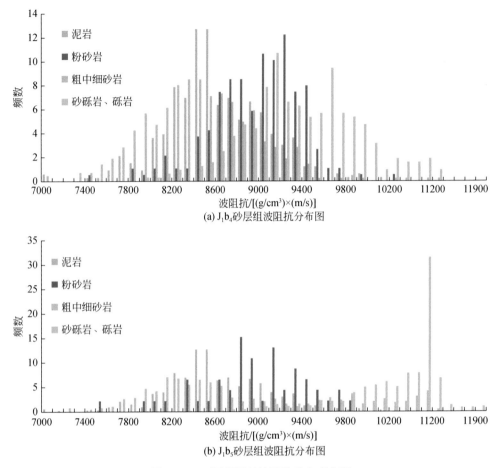

(a) $J_1b_4$砂层组波阻抗分布图

(b) $J_1b_5$砂层组波阻抗分布图

图 1-5-5 不同岩性的波阻抗分布直方图

在图 1-5-6 中可看到，在 $J_1b_4$ 层的交会图上很难用波阻抗区分不同岩性；而对于 $J_1b_5$，以波阻抗 9000g/cm³×m/s 为限，可以基本区别砂砾岩和粗中细砂岩，而粗中细砂岩与粉砂岩泥岩无法区分开。$J_1b_5$ 除了厚层隔层外，泥岩粉砂岩所占比例较小，因此以波

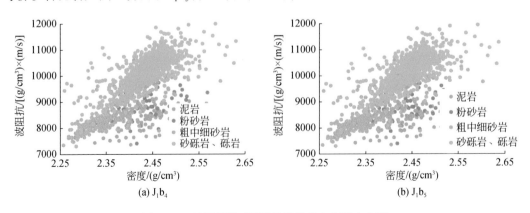

(a) $J_1b_4$

(b) $J_1b_5$

图 1-5-6 目的层段不同岩性波阻抗与密度交会图

阻抗 9000g/cm³×m/s 为限，区分粗中细砂岩与砾岩，统计结果显示对 $J_1b_5$ 内的砂砾岩的误判率为 12.6%，粗中细砂岩误判率为 39.6%。

**4. 波阻抗与物性的关系**

从图 1-5-7 所示的八区八道湾组储层孔隙度参数与地震波阻抗之间的关系图可以看出，孔隙度与波阻抗之间存在着线性关系，孔隙度越大，波阻抗值越小，并且这种关系随着岩性的变化也会存在差异。对 $J_1b_4$ 粗中细砂岩和粉砂岩泥岩的波阻抗与孔隙度可以建立一致的线性关系，对于同样的孔隙度值，砂砾岩和砾岩的波阻抗要高于粗中细砂岩。针对 $J_1b_4$ 的不同岩性可以建立不同的线性关系式。对 $J_1b_5$ 也存在类似的波阻抗与孔隙度之间的线性关系。通过这一关系式，可以拟合出一条确定的曲线和方程式，为后期的地质约束孔隙度建模打下基础。

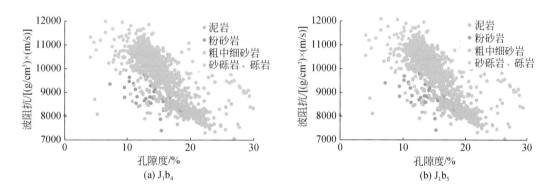

图 1-5-7 目的层段不同岩性波阻抗与孔隙度交会图

（三）地层对比与划分

根据钻井揭示的地层层序与区域地层对比，自上而下发育有白垩系吐谷鲁群（$K_1tg$）；侏罗系头屯河组（$J_2t$）、西山窑组（$J_2x$）、三工河组（$J_2s$）、八道湾组（$J_1b$）；三叠系白碱滩组（$T_3b$）、克拉玛依组（$T_2k$）和二叠系乌尔禾组（$P_2w$）。目的层八道湾组与下伏白碱滩组呈不整合接触。针对八道湾组油藏的地层对比与地层划分等研究，主要是在前人研究成果的基础上进行调整，以期达到项目要求的精度。

八道湾组油藏为多个次级正旋回沉积，自下而上发育 5 个砂组，主力层为 $J_1b_5$、$J_1b_4$、$J_1b_1$。$J_1b_{4+5}$ 进一步划分为 4 个小层、10 个单层。本次研究的目的层位为 $J_1b_4$、$J_1b_5^1$，$J_1b_4$ 的 4 个小层厚度比 $J_1b_5^1$ 的 3 个小层厚度薄。

八道湾组是辫状河沉积，地层基本呈等比例分布，厚度相对稳定，仅在靠近断层的位置部分地层存在河道下切，导致地层厚度增大。侏罗系八道湾组 $J_1b_4$ 砂层组与 $J_1b_5$ 砂层组之间发育一套厚度相对较大，分布非常稳定的泥岩隔层（图 1-5-8）。隔层上为 $J_1b_4$ 层的砂岩和粉砂岩，粒度相对较细，隔层为 $J_1b_5$ 层高位体系域的一套暗色泥岩，岩性比较纯，电阻率曲线值明显低于其他层段。

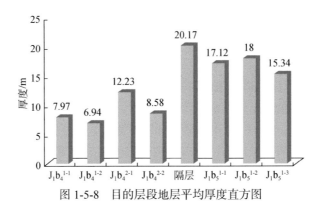

图 1-5-8　目的层段地层平均厚度直方图

$J_1b_4$ 平均厚度为 35.72m，整个研究区基本稳定分布，仅在局部位置如 TD88788 井、T88726 井、TD88819 井处（图 1-5-9、图 1-5-10），河道下切或侧积作用导致地层厚度差异大，$J_1b_4$ 层为砂质辫状河沉积，划分为两个小层、四个单层。上下两个小层之间有一套相对较细的泥质沉积。

$J_1b_5$ 平均厚度为 70.63m，根据电阻率的旋回特征可将 $J_1b_5$ 划分为 3 个旋回，但实际开采时细分为 $J_1b_5^1$、$J_1b_5^2$ 两个小层，按照两个层系进行分层开发，$J_1b_5^1$ 层系产量高，$J_1b_5^2$ 层系自下而上泥质含量逐渐减少，底部有大块砾石，泥质含量高，$J_1b_5^2$ 层系产量低。在断层下盘，T88823 井附近地层明显变厚（图 1-5-9）。

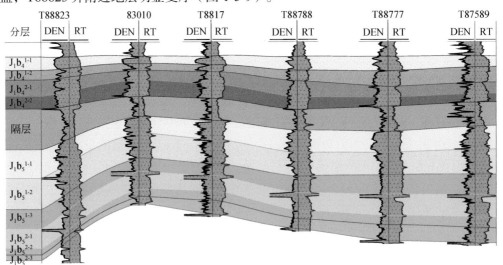

图 1-5-9　顺物源方向地层分布图

DEN= 密度；RT= 电阻率

## 二、地震资料解释与反演

对主要目的层侏罗系八道湾组进行井间砂体连通关系分析和不同沉积相带砂体的识别与刻画等研究，所用数据包括前期二次开发采集、处理的地震数据和本次宽频带、高密

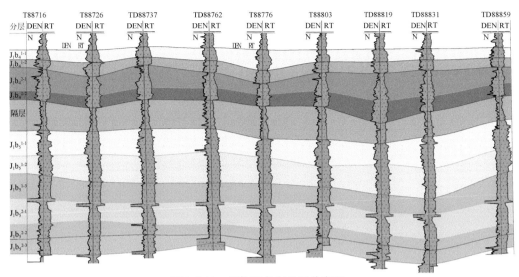

图 1-5-10　切物源方向地层分布图

度地震采集、处理后的地震数据，通过对比分析选择性应用，为 STS 油藏表征技术提供可靠的地震数据。

## （一）地震资料解释

### 1. 处理效果分析与地质评价

图 1-5-11 是本次新处理地震资料与老三维地震资料对比剖面，图 1-5-12 是对应数据的频谱对比结果。

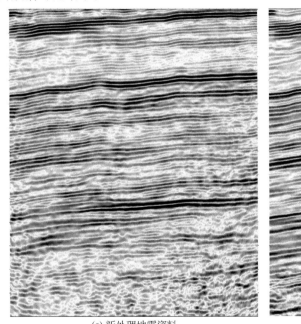
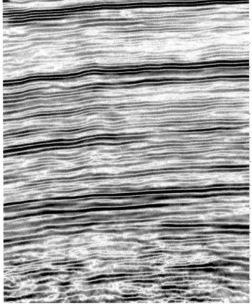

(a) 新处理地震资料　　　　　　　　　　　　　　　(b) 老三维地震资料

图 1-5-11　地震剖面对比分析

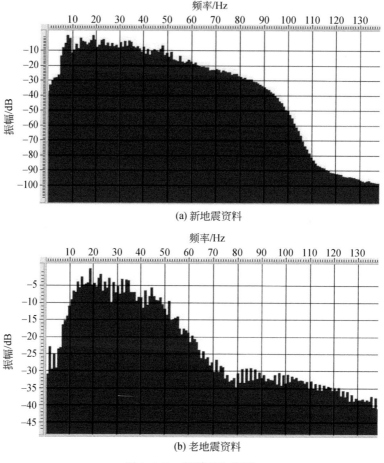

(a) 新地震资料

(b) 老地震资料

图 1-5-12　频谱对比分析

从频谱对比看到，研究区前期三维地震数据主频约为 25Hz，频带宽度为 8 ～ 60Hz。新采集处理的地震数据主频为 35Hz，频带宽度为 5 ～ 80Hz。新处理地震资料在主频和频带方面较老地震资料均有所提高。通过新老处理剖面对比分析，新地震资料成像分辨率有所提高，波组反射特征明显，空间能量强弱关系分明。沉积细节特征清晰，有利于地质解释。

图 1-5-13 给出了研究区浅层标志层 $K_1tg$ 沿层振幅属性对比，从振幅属性对比分析可以看出，新老地震数据的振幅属性空间分布略有差异，新处理的地震数据沿层振幅属性空间一致性更好一些，并且具有较高的空间分辨率，对一些地质现象的细节刻画更加清楚。这说明本次处理有效地消除了非储层因素的影响，地震振幅具有很好的空间一致性，能够满足相对空间分辨率地质解释的需要。

从图 1-5-14 所示的目的层段八道湾组振幅属性对比图可以看到，新处理的地震资料振幅属性与老地震资料振幅属性特征大致相似，略有差异。但新地震资料属性特征细节刻画更加清晰。

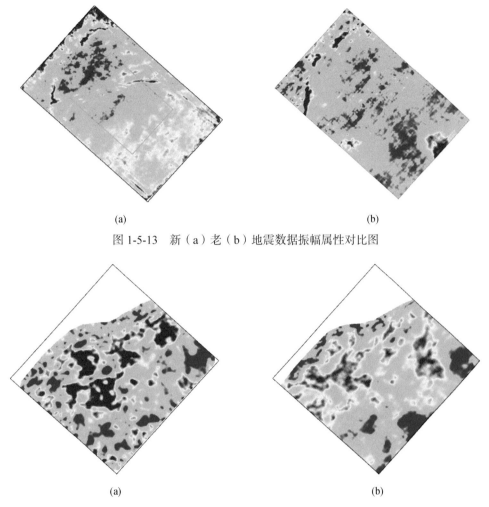

(a)　　　　　　　　　　　　　　　　　　(b)

图 1-5-13　新（a）老（b）地震数据振幅属性对比图

(a)　　　　　　　　　　　　　　　　　　(b)

图 1-5-14　新（a）老（b）地震资料八道湾组振幅属性对比图

通过以上新老数据对比和地质评价，认为新采集处理的地震数据保持了较好的空间一致性，成像分辨率有所提高。

**2. 层位标定**

开展地震资料精细解释，层位标定是关键。对一个工区进行较为准确的解释工作，首先必须要有准确的标志层，因而在解释之前一个必要的步骤就是层位标定。

层位标定是连接地震资料和地质资料以及钻井、测井资料的桥梁，是构造解释和岩性储层地震解释的基础，是地震与地质相结合的纽带。通过精细的层位标定，可以将研究的目的层准确地标定在地震剖面上，在地质资料、钻井资料、测井资料与地震资料之间建立准确的对应关系，为构造解释工作以及精细储层描述奠定坚实的基础。

合成地震记录的标定方法是根据反射波法地震勘探原理，合成地震记录近似为地震子波与反射系数序列的褶积。如果用 $S(t)$ 表示子波，$R(t)$ 表示反射系数序列，$f(t)$ 表示合成

地震记录，则

$$f(t)=R(t)\times S(t)=\int_0^T S(\tau)R(t-\tau)\mathrm{d}\tau \tag{1-5-1}$$

式中，$T$ 为子波长度；$t$ 为时局变量；$\tau$ 为积分变量。

用声波测井曲线和密度曲线求出地层的反射系数，然后与子波褶积生成一维模型（初始的合成地震记录）。通过调试合成地震记录制作参数，使其在波形、频率、反射强度等方面与井旁地震道达到最佳吻合。制作合成地震记录，对各主要地质层位对应的地震反射和本次研究主要储层进行精细标定。在此基础上，对区域性反射层和储层进行精细标定和精细研究。

在分析井资料和地震资料的基础上，对本区的地震地质层位进行了标定。标定的步骤如下：

（1）选择经环境校正和标准化处理后的声波测井曲线用于合成地震记录的制作工作。

（2）确定制作合成记录的主频。首先提取地震资料目的层段的主频，从图 1-5-15 可以看出，地震资料的频宽在 5 ～ 80Hz，主频约为 35Hz。因而选取 35Hz 的主频制作合成记录与井旁地震道进行对比。

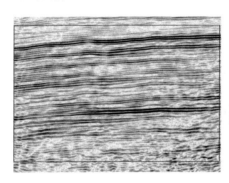 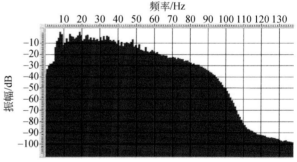

图 1-5-15 研究区地震资料频谱图

（3）选取合适的子波。制作合成记录时子波的选取一般有两种方法，其一是直接利用 Ricker 子波；其二是利用井旁地震道提取子波。从视觉效果看，两种方法效果都较好，但为了便于井间的地层对比，最后统一选用了 Ricker 子波。

从图 1-5-16 T87597 井合成地震记录所做的标定中可以看出，从上到下地震剖面与合成地震道之间波组关系对应良好，说明层位标定的结果是可靠的，同时也说明本区合成记录的标定也能达到较高的精度。在对 T87597 井制作合成记录的基础上，对区内其他 198口井的地震地质层位进行了标定，得到本区目的层段反射层和储层的标定结果。最终的连井标定结果如图 1-5-17 所示。

八道湾组顶面反射层：声波资料上为一高速到低速的界面，在地震剖面上标定为一波谷。八道湾组底面反射层：声波资料上为一低速到高速的界面，在地震剖面上标定为一波峰。

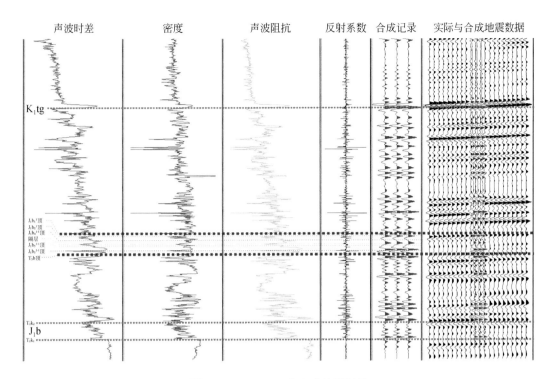

图 1-5-16　T87597 井合成地震记录

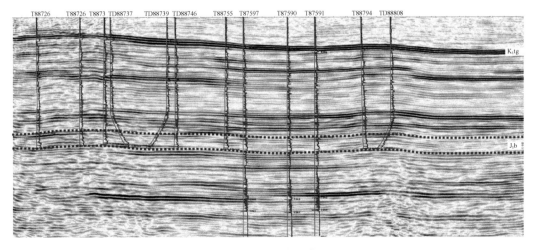

图 1-5-17　连井标定剖面

通过以上声波测井资料的标定、关键井的过井及连井层位的解释对比，确定了研究区八道湾组顶、底界面反射层的地震反射特征；进而确定八道湾组内部各砂层组反射层的地震地质层位及其地震反射特征。下面对各反射层的地震反射特征做简要描述。

八道湾组顶面反射：在地震剖面上显示为较高资料品质，为一组中高频、较强振幅波谷地震反射，波组连续性较好，全区易于对比追踪。

八道湾组底面反射：地震剖面上显示为资料品质高，为一组中高频、强振幅波峰地震反射，波组连续性好，全区易于对比追踪。图 1-5-18 为八道湾砂层组连井标定剖面，从剖面上可以看到 5 个砂层组的地震反射特征。

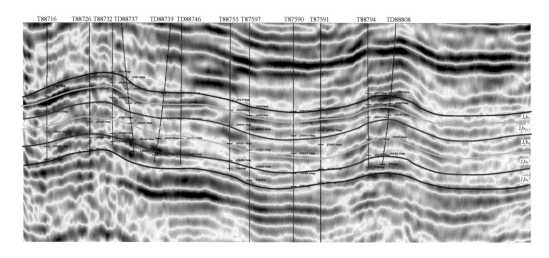

图 1-5-18　八道湾组砂层组连井标定剖面

$J_1b_1$ 组底界反射：$J_1b_1$ 砂层组为一套下粗上细的正旋回辫状河流相沉积。该反射层总体在地震剖面上表现为一组中高频、中强振幅波峰的地震反射，波组连续性较好，全区分布较稳定，可以连续对比追踪。

$J_1b_{2+3}$ 组底界反射：$J_1b_{2+3}$ 砂层组主要为一套水进期泥岩沉积，沉积厚度为 35～48m，仅在局部发育有 1～3 个单砂体，但砂体往往具有厚度薄、分布规模小、不稳定的特点，且 $J_1b_2$、$J_1b_3$ 之间岩电特征分界不明显，时差曲线上对应高时差值。该反射层总体在地震剖面上的表现为一组高频、较强振幅波峰的地震反射，波组连续性相对较好，可以连续对比追踪。

$J_1b_4$、$J_1b_5^1$ 砂层组同样也为一套辫状河流相砂砾岩沉积，整体厚度分布稳定，砂砾岩发育，受内部泥质隔层的影响，地震剖面上均表现为变振幅、中高频、较连续的地震反射同相轴。全区分布较稳定，可以连续对比追踪。

**3. 地震资料构造解释**

充分借鉴该区现有的构造解释、研究成果与地质特征，通过剖面解释与构造演化的综合分析，有针对性地采取了一系列新技术、新方法开展构造精细解释，进一步分析该区的构造特征、断裂特征。

1）地震层位对比解释

在层位标定的基础上，对研究区八道湾组 5 个砂层组顶、底反射层开展了地震解释工作，即 $J_1b_1$ 砂层组顶面、$J_1b_1$ 砂层组底界、$J_1b_{2+3}$ 砂层组底界、$J_1b_4$ 砂层组底界、$J_1b_5^1$ 砂层组顶面、底界和八道湾组底界共 7 个主要反射层的对比追踪及断层的解释工作，解释测网为 4×4。图 1-5-19 和图 1-5-20 为两条十字交叉的地震解释剖面。图 1-5-21 ～图 1-5-25 分别为目的层八道湾组 5 套砂层 $J_1b_1$ 顶面、$J_1b_{2+3}$ 顶面、$J_1b_4$ 顶面、$J_1b_5$ 顶面和 $J_1b$ 底界地震反射层位 $T_0$ 形态图。

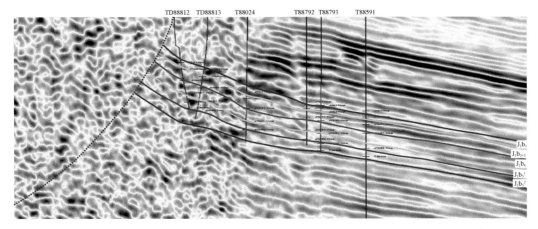

图 1-5-19　连井地震解释剖面 1

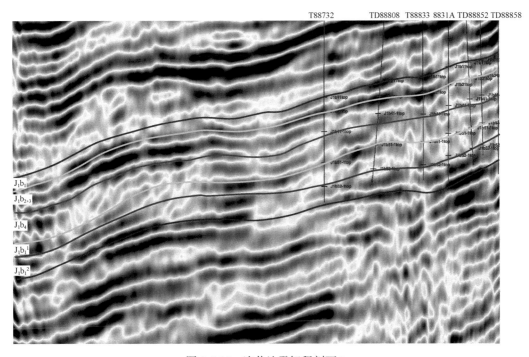

图 1-5-20　连井地震解释剖面 2

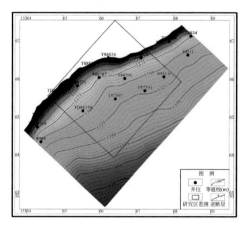

图 1-5-21　$J_1b_1$ 顶面 $T_0$ 图

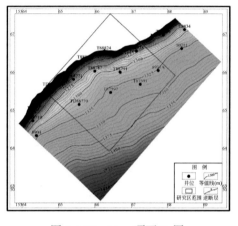

图 1-5-22　$J_1b_{2+3}$ 顶面 $T_0$ 图

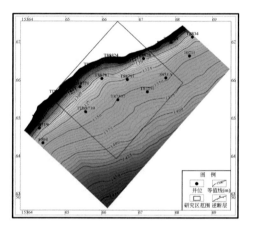

图 1-5-23　$J_1b_4$ 顶面 $T_0$ 图

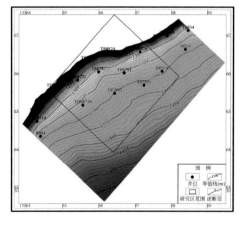

图 1-5-24　$J_1b_5$ 顶面 $T_0$ 图

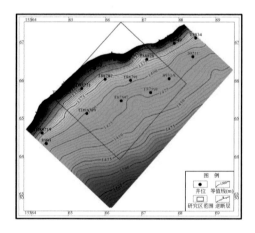

图 1-5-25　$J_1b$ 底界 $T_0$ 图

2）断层解释

传统的地震三维断层解释主要还是沿用二维地震断层解释方法，即剖面解释、平面闭合、地震属性平面控制。其解释精度取决于剖面解释密度和解释员的解释技术水平，且解释工作量较大。本次断层解释思路和方法主要为：平剖相结合的解释方法，在多种地震属性断层平面解释的基础上进行剖面闭合解释，这样做的好处是断层平面闭合简单，断层解释有规律可循。其步骤是：①利用时间切片技术解释同相轴的中断、错动、扭曲以及断层两侧同相轴宽窄、产状变化特征，确定落差不大的小断层、小断裂，研究断裂、断层空间展布规律，指导平面断裂组合（图 1-5-26）；②用多种地震属性融合技术进行断层解释；③利用测井资料，帮助断层的识别与解释（图 1-5-27，图 1-5-28）；④断层剖面解释，明确断层性质；⑤结合厚度图和区域演化资料了解构造及断裂演化特征。

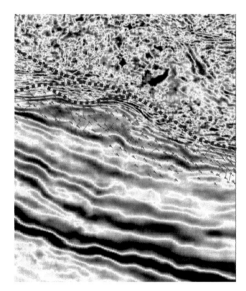 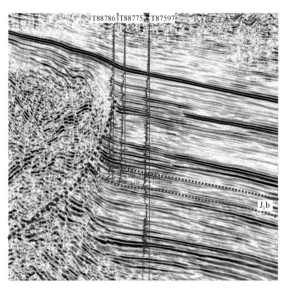

图 1-5-26　水平时间切片　　　　　　图 1-5-27　多数据体融合联合解释断层

3）变速成图

地震资料构造成图的时深转换速度主要来源有三种：地震数据速度谱、VSP（vertical seismic profiles，垂直地震剖面）速度资料与测井合成记录。依据 109 口井合成地震记录获得的时间 – 深度数据对进行分析，结果清楚表明该区侏罗系八道湾组油组地层平均速度在平面上存在明显的分异，速度具有北高南低特点。综合研究发现造成速度北高南低的关键因素是受克 – 乌断裂、南白碱滩大型逆冲断裂及派生逆断层的影响。使得构造主体北部八道湾组地层在侧向上与中侏罗统三工河组地层不整合接触，造成速度的显著差别；其次，受平面不同沉积相带的影响，速度在平面也存在一定差别。因此，根据 109 口井合成地震记录得到的速度，结合叠加速度谱资料联合建立速度场（图 1-5-29），对主要目的层 $J_1b_1$ 顶面、$J_1b_{2+3}$ 顶面、$J_1b_4$ 顶面、$J_1b_5$ 顶面和 $J_1b$ 底界共 5 个反射界面进行构造成图（图 1-5-30～图 1-5-34）。利用钻井地质分层进行误差效正，从而得到 5 个砂层组顶、底的构造平面图。

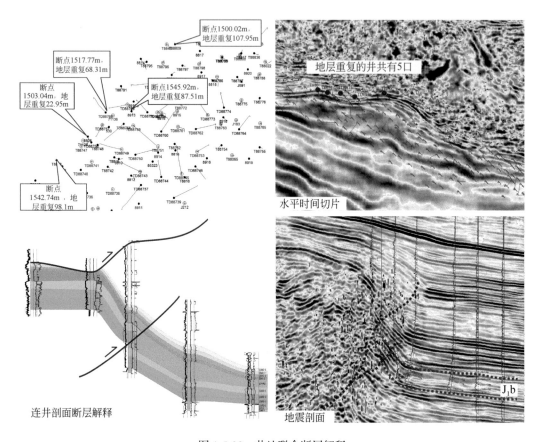

图 1-5-28　井地联合断层解释

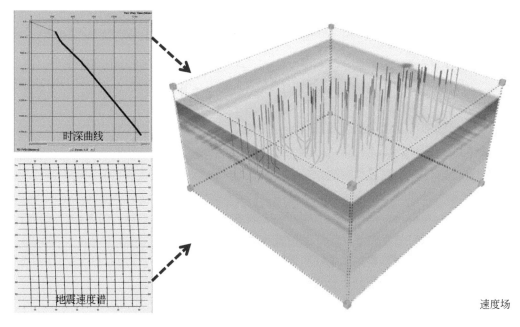

图 1-5-29　建立的速度场

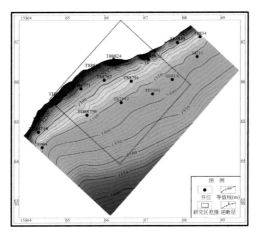

图 1-5-30　$J_1b_1$ 顶面构造图

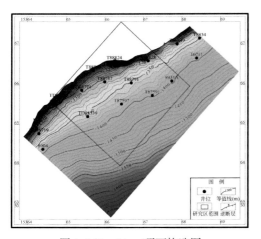

图 1-5-31　$J_1b_{2+3}$ 顶面构造图

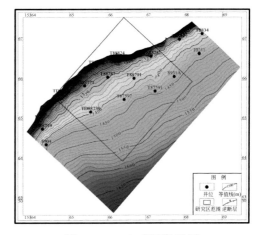

图 1-5-32　$J_1b_4$ 顶面构造图

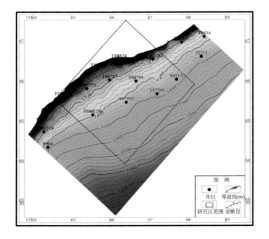

图 1-5-33　$J_1b_5$ 顶面构造图

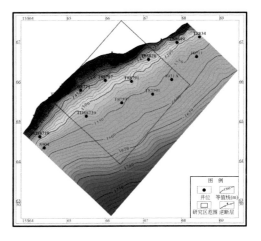

图 1-5-34　$J_1b$ 底界构造图

4）构造特征

530 井区在构造上隶属克－乌断阶带上的次一级构造单元。克－乌断阶带形成于二叠纪晚期，进入三叠纪后地壳开始沉降，构造西北缘均处于下沉阶段，到了晚三叠世西北缘逐渐抬升，白碱滩组从湖泊相沉积逐渐过渡到三角洲相沉积。晚三叠世末期构造活动加剧，白碱滩组遭受大面积剥蚀，下侏罗统八道湾组超覆沉积在白碱滩组上，厚度由北西向南东增厚。中侏罗统以后，西北缘基本处于相对稳定状态。

研究区受南北向或北西－南东向挤压应力场控制，形成以克－乌断裂、南白碱滩断裂及派生断层为主的北东向逆断层，该组断裂为本区主要的断裂系统，控制了整体构造格局与局部圈闭的形成。南白碱滩断裂在研究区西南，研究区内只见到很小一部分，故而不做具体描述。

克－乌断裂：研究区八道湾组北边界控制断层，走向整体呈北东－南西向，北西倾向，上陡下缓，倾角分布在 30°～70°；具有发育早、断距大、活动强烈的特点，控制了该区整体构造格局、次级断层的形成及沉积相带的分布，贯穿全区。

TD88769 井断裂：是一条派生的断裂，其走向为北东向，倾向为北西向，倾角为 30°～60°。有 5 口井钻到此断层，该断裂西起于 T88747 井附近，东止于 T8846 井与克－乌断裂交会处。各断裂要素和特点见表 1-5-3。

**表 1-5-3　断裂要素表**

| 断层名称 | 断层基本特征 | | | | | | 钻遇井 |
|---|---|---|---|---|---|---|---|
| | 走向 | 倾向 | 倾角/(°) | 断距/m | 延伸长度/km | 断层性质 | |
| 克－乌断裂 | NE | NW | 30～70 | 140～200 | 贯穿全区 | 逆断层 | T8846 井、T8858 井、T8859 井 |
| TD88769 井断裂 | NE | NW | 30～60 | 60～100 | 1.5 | 逆断层 | T88747 井、TD88757 井、D88769 井、T8846 井、T8808 井 |

（二）目标概率反演

地震波形指示反演与地质统计学反演一样，利用井的信息补充高频成分。早期这种模拟方法一般是用井信息插值模型（克里金、自然邻域等算法），后期人们采用地质统计学进行随机模拟。统计学模拟的方法基于变差函数表征储层空间结构特征，模拟时样本井的优选参照变程控制，高频信息完全来自井，没有考虑地震信息，地震信息只是起到对随机模拟结果进行优选的作用。基于褶积理论的正演实践表明，地震波的干涉特征与反射系数结构和分布具有密切的关系，反射系数的垂向分布，包括反射系数的间距、大小、个数，决定了地震波形干涉样式。在相似的地质条件下，反射波波形与反射系数结构能形成良好的匹配关系，可以根据波形的干涉特征优化反射系数的分布。因此，地震波形指示反演可以看作广义的反演过程，是在传统地质统计学反演基础上发展起来的一种高精度模拟表征的方法。

地震波形指示反演的主要思想是在等时地层格架约束下，将地震波形的薄层干涉特征作为判别、优化反射系数结构的控制条件代替变差函数，优选有效样本井，模拟砂体纵向分布结构，将井约束地震反演与地震指示的井模拟相结合，实现井震联合反演。变差函数能够表征区域化变量的空间结构性和随机性，反映区域化变量在某个方向上某一距离范围内的变化程度，但由于地质结构的非均质性，变差函数所描述的空间变异性不能精确表征空间沉积环境的变化。而地震波形的横向变化与沉积作用有关，并且地震数据具有空间密集分布的优势，能够较好地体现沉积环境的变化及其对储层组合结构的控制作用。因此，利用地震波形横向变化特征来表征储层空间变化规律，能更好地体现沉积要素的影响，实现相控随机反演。在进行随机模拟时，传统变差函数是根据所有井统计出的变程优选样本进行模拟，考虑的是空间变化程度，和距离相关。波形指示反演主要是根据波形相似性优选统计样本，通过将预测道地震波形与所有已知井旁道地震波形进行对比，优选出最相似的若干井样本（图 1-5-35），再对这些井进行不同频段下的曲线滤波比较，寻找共性结构特征并建立初始模型，最后在贝叶斯框架下根据样本井的分布特征进行克里金概率模拟，得到每一个样点值的概率分布。模拟过程充分利用了空间密集分布的地震数据并体现了相控模拟的思想，其频率成分是一个由低到高逐步确定的过程，高频成分的整体确定性相比传统随机模拟得到大幅提高。与传统随机模拟不同的是，地震波形指示模拟建立初始模型的过程不是采用序贯的方式进行，即待模拟点的模拟数据并不参与下一个未知点的模拟过程。这样做使得模拟过程更加符合地震波形相似的样本优选原则，使模拟结果的中频带（地震频带）符合地震反演结果，超出地震频带的高频成分与样本井结构特征一致，得到宽频带阻抗输出。

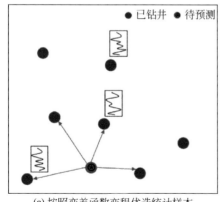 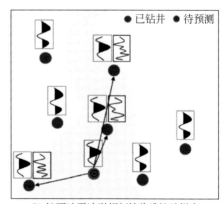

(a) 按照变差函数变程优选统计样本　　　　(b) 按照地震波形相似性优选统计样本

图 1-5-35　统计样本优选

地震波形指示反演是在空间结构化数据指导下不断寻优的过程，即参照空间分布距离和地震波形相似性两个因素对所有井按关联度排序，优选与预测点关联度高的井作为初始模型，对高频成分进行无偏最优估计，并保证最终反演的地震波形与原始地震波形一致。

地震波形指示反演的流程如图 1-5-36 所示，具体步骤如下。

（1）按照地震波形特征对已知井进行分析，优选与待判别道波形关联度高的井样本建立初始模型，并统计其纵波阻抗作为先验概率分布。为了避免大距离范围的样本优选误差，优选过程增加最大空间距离控制，在已知井中利用波形相似性和空间距离双变量优选中低频结构相似的井作为空间估值样本。传统变差函数受井位分布的影响，难以精确表征储层的非均质性，而分布密集的地震波形则可以精确表征空间结构的低频变化。

（2）将初始模型与地震频带阻抗进行匹配滤波，计算得到似然函数。如果两口井的地震波形相似，表明这两口井大的沉积环境相似，虽然其高频成分可能来自不同的沉积微相，差异较大，但其低频成分具有共性，且经过测井曲线统计证明，其共性频带范围大幅度超出了地震有效频带。根据似然函数的定义，此处通过匹配滤波计算得到的似然函数描述了某一个空间位置取值为某一特定值的概率。匹配滤波将确定性信息（源自有色反演）和逐步确定性信息（源自波形指示模拟）进行融合之后产生了一个新的概率分布空间。利用这一特性可以增强反演结果低频段的确定性，同时约束高频段的取值范围，使反演结果确定性更强。

（3）在贝叶斯框架下联合似然函数分布和先验分布得到后验概率分布并将其作为目标函数，不断扰动模型参数，将后验概率分布函数最大时的解作为有效的随机实现，取多次有效实现的均值作为期望值输出。地震波形指示反演结果在空间上体现了沉积相带的约束，平面上更符合沉积规律和特点：①在贝叶斯框架下将地震、地质和测井信息有效结合，利用地震信息指导井参数高频模拟是一种全新的井震结合方式，较好地减少了地震噪声对反演结果的影响；②利用地震波形特征代替变差函数分析储层空间结构变化，提高了横向分辨率，且更符合平面地质规律，具有相控意义；③采用全局优化算法使反演确定性大大增强（从完全随机到逐步确定）；④对井位分布没有严格要求，适用性更广。

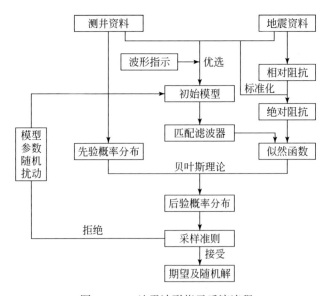

图 1-5-36　地震波形指示反演流程

通过分析认为：岩性概率反演结果能够较好地反映不同的岩性，其中 $J_1b_4^1$ 主要发育含砾粗砂岩和中细砂岩，泥岩有一定的厚度分布。$J_1b_4^2$ 主要发育含砾粗砂岩和中细砂岩，泥岩厚度大。$J_1b_5^{1-1}$ 主要发育中细砂岩和含砾粗砂岩储层，泥岩与钙质夹层厚度均不大。$J_1b_5^{1-2}$ 上部主要发育中细砂岩和含砾粗砂岩储层，$J_1b_5^{1-2}$ 下部主要发育砂砾岩储层，泥岩很薄，钙质夹层较厚。$J_1b_5^{1-3}$ 主要发育含砾粗砂岩和砂砾岩储层，泥岩和钙质夹层都较薄（图1-5-37）。

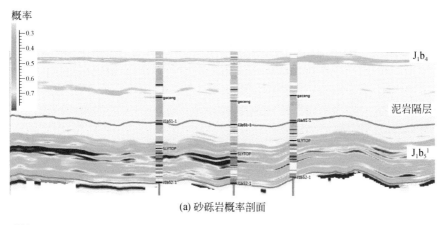

(a) 砂砾岩概率剖面

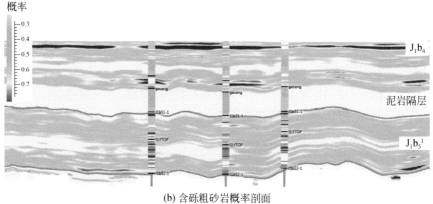

(b) 含砾粗砂岩概率剖面

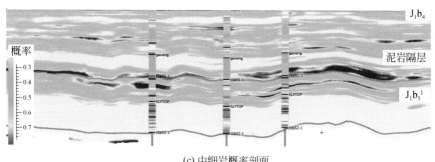

(c) 中细岩概率剖面

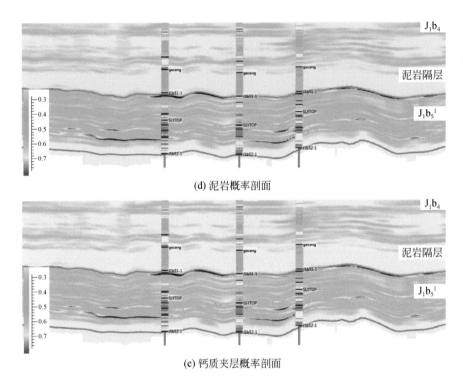

(d) 泥岩概率剖面

(e) 钙质夹层概率剖面

图 1-5-37　目标层段各个岩性概率反演剖面

## 三、井震联合解释

八区构造为隆起背景上发展起来的大型单斜 – 鼻状构造，规模大，幅度高，继承性发育。八道湾组 5 个砂层组顶界构造高部位构造活动强烈、断裂发育，地层形态复杂、变化大，沉积物主要来源于北部克 – 乌断裂，$J_1b_4$ 和 $J_1b_5$ 沉积时，断裂上盘为羿状侵蚀平原，过境河流将大量碎屑挟带到断裂下盘，沿断崖堆积成规模不等的湿地扇——砾质羿状河。垂向上具有比较明显的正旋回的特点，岩性粒度明显偏粗，尤以河道相沉积底部砂砾岩沉积发育良好，厚度较大，整体上自下而上表现为由砾岩、中粗砂岩逐渐过渡为细砂岩的特征，砂体分布局部具有东西分异的特点，但整体呈北北西 – 南南东向分布；物性分布受沉积相带的控制。沉积构造上，则主要因为河道迁移造成多种类型层理发育，如块状或不明显的水平层理、巨型槽状交错层理、单组大型板状交错层理等。岩性和沉积构造的变化显示了不同沉积环境，指示出了不同时期的沉积微相的变化。

### （一）测井相识别

八道湾组底部的 $J_1b_5$、$J_1b_4$ 砂层组岩性以灰色不等粒砾岩、砂质细砾岩和砂砾岩为主，其次为含砾砂岩、砂岩。砾岩成分以火成岩块、变质岩块为主，砾石颗粒排列杂乱，沉积物中洪积层理和冲刷构造发育，并见少量植物碎屑顺层分布。根据岩性、岩石颗粒的成熟度、颗粒直径的变化、层理构造、生物化石的发育状况，结合电性、物性特征进行划相，认为八道湾组 $J_1b_5$、$J_1b_4$ 为一套弱还原环境、强水动力条件下的辫状河沉积。在前人研究成果的基础上，根据岩性和电阻特征在沉积环境分析以及岩心观察分类的基础上，认为八道湾组的 $J_1b_4$、$J_1b_5$ 的沉积微相主要有心滩、辫状河道、泛滥平原沼泽。

心滩微相：处于分流河道中相对较高位置，主要接受洪水挟带的沉积物，以粗砂和砾岩为主，岩性较粗，上部与河道微相接触，缺乏泛滥平原等细粒沉积（姜在兴，2003），心滩微相以复合旋回为主，也存在正旋回和反旋回，自然电位幅度大，渗透性较好（图1-5-38）。

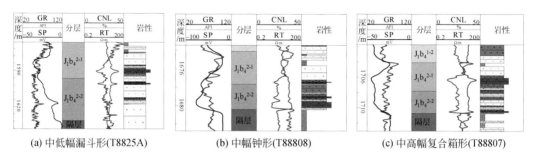

(a) 中低幅漏斗形(T8825A)　　(b) 中幅钟形(T88808)　　(c) 中高幅复合箱形(T88807)

图 1-5-38　心滩微相测井响应图

辫状河道微相：河道沉积具有河道微相的典型特征。电阻率和自然伽马曲线表现为明显的钟形，小型河道也会表现为指状，曲线顶部、底部常有突变。河道岩性成分复杂，研究区以粗砂岩、砂砾岩为主，泥质含量较低，顶部泥岩多为薄层，辫状河道在曲线上表现为电阻率高、自然电位幅度大，相对心滩而言，河道整体物性偏差一些（图1-5-39）。

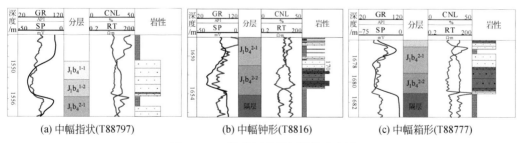

(a) 中幅指状(T88797)　　(b) 中幅钟形(T88816)　　(c) 中幅箱形(T88777)

图 1-5-39　辫状河道微相测井响应图

泛滥平原沼泽微相：主要为灰黑色泥岩及煤沉积。泥岩主要发育在 $J_1b_4$，煤层在 $J_1b_5$ 相对发育。煤层具有高电阻率、低密度 、低伽马特征，在曲线上非常容易识别。

（二）地震相分析

地震相分析用地震相参数，如反射结构、连续性、外部几何形态、振幅、频率、层速度等所代表的地质意义来解释地层沉积相。地震相可以理解为沉积相在地震剖面上表现的总和。Sheriff 和 Geldart（1982）将地震相定义为由沉积环境（如海相或陆相）所形成的地震特征，地震相分析则是"根据地震资料解释其环境背景和岩相"（Vail et al., 1977）。

从测井和岩性划分结果来看，八道湾组目的层段主要发育有心滩、辫状河道和泛滥平原沼泽三种微相，目标砂层以辫状河道和心滩沉积占主导地位。据此结合地震对沉积相进行了分析。

通过对研究区多条地震剖面进行沉积分析，认为 $J_1b_4$ 和 $J_1b_5$ 沉积时河道对应的地震响应特征并不相同。$J_1b_5^1$ 沉积时水动力最强，物源最丰富，砾质河道、心滩叠置连片发育且范围广泛，泛滥平原不发育，沉积厚度大，辫状河道在剖面上主要有 3 种表现特征，如图 1-5-40 和图 1-5-41 所示：① 河道纵向上叠置、厚度较大且横向上有一定的延续性，对应波峰中间夹一能量较强的波谷（黑轴夹红轴），波谷分布范围较大，连续性振幅的长度主要取决于河道沉积时期的宽度；② 河道纵向上叠置、厚度较大且横向上延续性较差，对应波峰中间夹一能量较弱的波谷（黑轴夹红轴），波谷分布范围小；③ 河道纵向上不叠置、厚度较小且横向上延续性较差，对应波峰能量减弱（黑轴较宽）。$J_1b_5^1$ 心滩表现为强振幅连续性好的波峰（黑轴），或是表现为弱振幅连续性较差的波峰。整体而言，地震属性与沉积相有一定的匹配关系：基本上强振幅（浅蓝色）对应心滩，弱振幅（红色）对应河道。而 $J_1b_4$ 沉积时水动力减弱，物源减少，砂质河道、心滩叠置连片发育，但沉积厚度明显较 $J_1b_5$ 层薄，复合河道间泛滥平原较发育，岩性变化明显，因此在地震剖面上辫状河道主要有两种表现形式：① 河道纵向上叠置、厚度较大，或是河道发育范围广，横向上有一定的延续性表现为强振幅的波谷；② 河道纵向上不叠置、厚度较小且横向上延续性较差表现为杂乱反射。

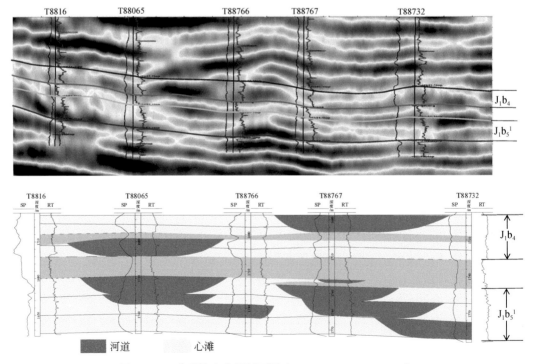

图 1-5-40　井震综合分析剖面图（T8816-T88766-T88732）

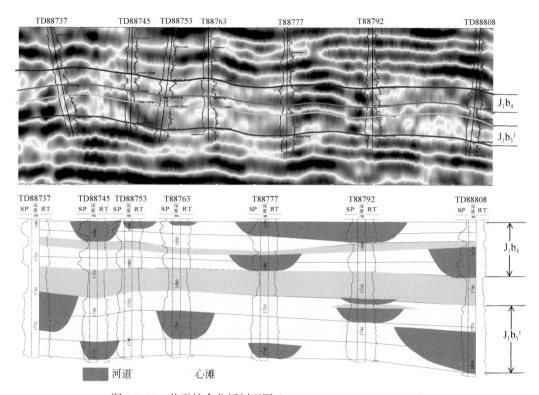

图 1-5-41 井震综合分析剖面图（TD88737-T88777-TD88808）

在单井测井相分析和井震综合剖面分析的基础上，通过属性分析提取振幅、频率、相位、波形聚类等多种属性，优选振幅和波形聚类属性，利用测井单井相分析结果进行约束，对八区八道湾组在平面上的沉积特征进行了以下分析和研究。

$J_1b_5^1$ 沉积时期：地层厚度变化剧烈，地层厚度整体呈现西薄东厚的格局。各单层都包含多个次级正韵律沉积旋回，反映水动力强度变化周期频繁。

$J_1b_5^{1-3}$ 沉积时期：地层沉积厚度平均为 15.34m，砂体厚度平均为 14m，靠近断层部位、东南部较厚。以河道底部的砾石、含砾砂岩沉积为主。$J_1b_5^1$ 沉积时期，湖平面迅速上升，研究区内辫状河道不太发育，心滩的发育范围更大。辫状河道主要发育在 TD88783-TD88764 一带以及 TD88801-T88777 一带。

$J_1b_5^{1-2}$ 沉积时期：地层沉积厚度平均为 18m，砂体厚度平均为 13.76m。全区发育较稳定，岩性变化不大。河道在继承先期河道的基础上小幅度变迁，该时期仍以心滩沉积为主，辫状河道相对 $J_1b_5^{1-3}$ 发育。此时期主要发育北西 – 南东向的三条主河道，分别位于 T88763 井、T88807 井与 TD88850 井附近。

$J_1b_5^{1-1}$ 沉积时期：地层沉积厚度平均为 37.1m，砂体厚度平均为 15.8m，靠近断层部位、东南部较厚，全区发育较稳定。沉积早期河道在继承先期河道的基础上小幅度变迁，该时期仍以心滩沉积为主，辫状河道相对发育。此时期主要发育北西 – 南东向的三条主河道，分别位于 T88763 井、T88793 井与 T88849 井附近。在沉积晚期，泛滥平原沼泽沉积出现于 T88793 井、T88738 井附近，并迅速向西扩张，覆盖了全区一半以上的范围，发育了一套区域性的泥岩，可以作为很好的盖层。

$J_1b_4$ 沉积时期：地层沉积厚度逐渐趋于平稳，中部、东南部较厚，经历了几次沉积旋回，将地层分割为四个小层。各个小层之间沉积环境相差不大。$J_1b_4$ 沉积时期主要发育两个可以对比的砂体，砂体间夹一套碳质泥岩。

$J_1b_4^2$ 沉积时期：以正旋回沉积韵律为主，沉积早期以辫状河道和心滩沉积为主，心滩规模相对 $J_1b_5$ 沉积时期更大，河道相对 $J_1b_5$ 沉积时期更为发育，泛滥平原沉积零星分布。但在沉积末期，全区发育较稳定的泛滥平原沉积。

$J_1b_4^1$ 沉积时期：砂岩较发育，底砾岩沉积较薄，砂质成分高，以辫状河道沉积为主，泛滥平原沉积零星分布。

其在平面上的特征如图 1-5-42 ～图 1-5-45 所示。

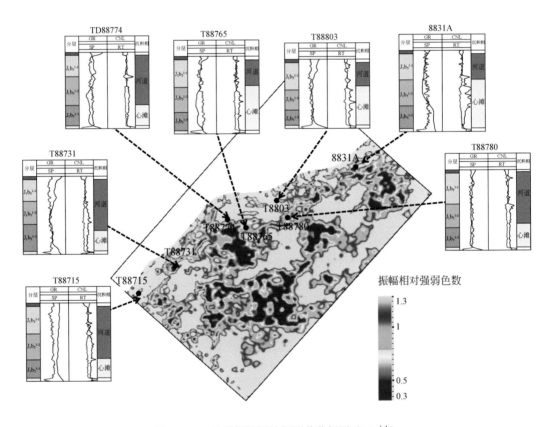

图 1-5-42　地震振幅属性与测井分析图（$J_1b_5^{1-1}$）

通过地震属性的研究发现振幅属性（图 1-5-46）可以反映辫状河道和心滩的边界，粉色线所圈出的区域为心滩，心滩与心滩之间的区域为河道，右侧的振幅属性与其有很好的对应性，蓝色（强振幅）对应心滩，红色（弱振幅）对应河道。

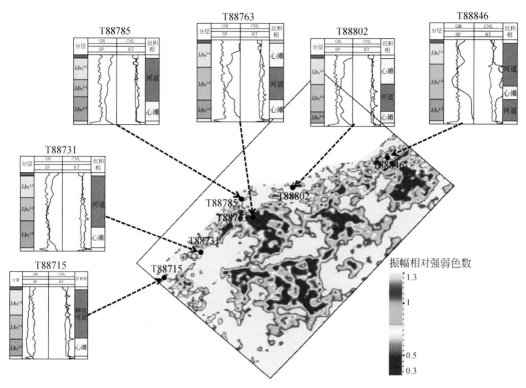

图 1-5-43 地震振幅属性与测井分析图（$J_1b_5^{1-2}$）

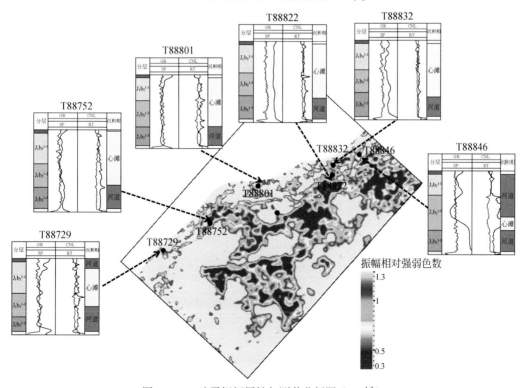

图 1-5-44 地震振幅属性与测井分析图（$J_1b_5^{1-3}$）

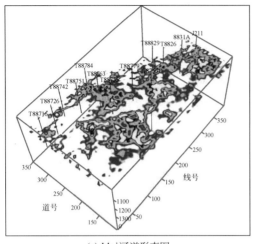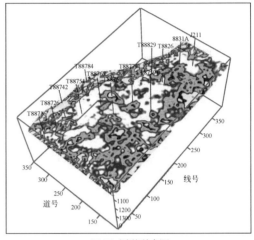

(a) $J_1b_5^1$河道形态图　　　　　　　　　　　　(b) $J_1b_4$河道形态图

图 1-5-45　河道的空间形态图

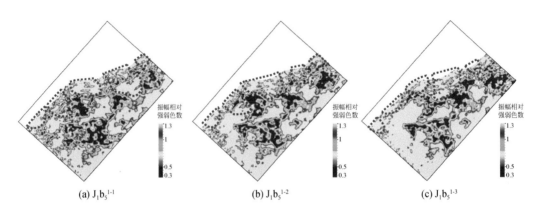

(a) $J_1b_5^{1-1}$　　　　　　　　(b) $J_1b_5^{1-2}$　　　　　　　　(c) $J_1b_5^{1-3}$

图 1-5-46　$J_1b_5^1$ 沉积相与振幅属性

## （三）单井夹层识别

八区 $J_1b_{4+5}$ 岩性敏感参数主要有地层电阻率（RT）、中子孔隙度（CNL）和声波时差（AC），为了综合利用各个参数的岩性信息，提高岩性识别的精度，构造岩性识别参数为 CNL、AC 和 RT。根据收集到的岩性图版（表 1-5-4），确定适合于八道湾油气藏最佳岩性 – 电性关系，根据该图版确定的岩性测井响应值，利用测井资料对未取心井划分岩性剖面，进行岩性解释。

表 1-5-4　八道湾组 $J_1b_{4+5}$ 层岩性解释模板

| 层位 | 岩性参数 | 泥岩 | 中细砂岩 | 含砾粗砂岩 | 砂砾岩 | 煤层 |
|---|---|---|---|---|---|---|
| $J_1b_4$ 和 $J_1b_5$ | RT/（Ω·m） | <10 | >10 | ≥18 | | >200 |
| | CNL/% | >28 | >20 | 20～24 | <20 | >30 |

通过研究发现，研究区隔夹层对油水的控制作用比较明显。一般砂砾岩储层的层内隔夹层多而不稳定，可分为三类。

第一类是低渗透或非渗透的细粒岩性，如粉砂岩、泥质粉砂岩，该类隔夹层主要是由于水动力减弱细粒悬浮物质沉积形成。如层间或河道间泛滥平原形成的泥岩，厚度一般较大。如 $J_1b_4$、$J_1b_5$ 之间的隔夹层；或是辫状河内由于河道废弃，沉积细粒物质形成的泥质隔夹层，心滩内部在间洪期由于水动力减弱在表面沉积的落淤层或串沟也是泥质隔夹层。

第二类是高阻致密或坚硬的低渗透率钙质砾岩，浅埋藏阶段含钙的孔隙水在储集层中顺层流动，与高矿化度地层水接触导致孔隙水饱和碳酸钙，钙质发生沉淀，形成钙质胶结隔夹层。该类隔夹层多沿河道底部呈薄层下凹状分布，或是在每一期心滩增生体的底部呈薄层水平或穹隆状发育（廖保方等，1998）。其厚度较薄，一般为 0.2 ～ 0.4m，延伸不远，难以对比（图 1-5-47）。

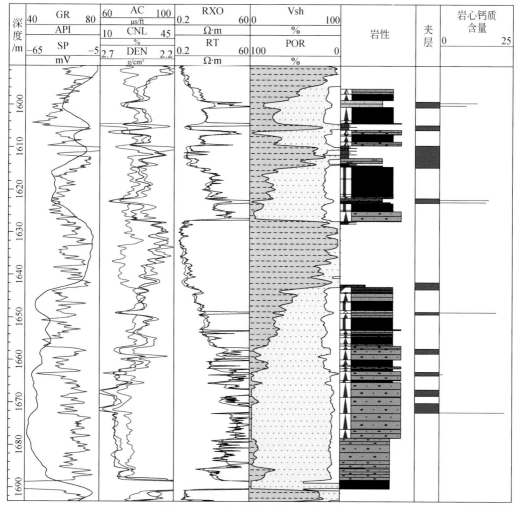

图 1-5-47　岩心井钙质夹层发育示意图

GR= 自然伽马；SP= 自然电位；RXO= 冲洗带电阻率；Vsh= 泥质含量；POR= 孔隙度；AC= 声波时差；CNL= 中子孔隙度；DEN= 密度；RT= 地层电阻率

第三类是物性隔夹层，该类隔夹层岩性以细砂岩、粉砂岩为主，具有一定的孔隙度和渗透率，但未达到有效厚度物性下限。此类隔夹层可由两种情况产生，一种是沉积时形成的粗砂岩中的细粒岩条带；另一种是沉积后成岩过程中受构造力、胶结、交代改造使渗透率下降而形成的隔夹层，这类隔夹层在研究区非常发育。

通过对研究区的隔夹层分析，认为冲洗带电阻率和中子曲线可以用于判别泥质隔夹层，泥质隔夹层的冲洗带电阻率多小于 $16\Omega \cdot m$，中子孔隙度大于28%。钙质隔夹层的冲洗带电阻率大于 $16\Omega \cdot m$，密度值大于 $2.5g/cm^3$。隔夹层物性主要是通过研究区的有效厚度下限确定。以孔隙度大于12%为标准对物性隔夹层进行划分（图1-5-48）。

| 层位 | 隔夹层类型 | RXO/（Ω·m） | DEN/（g/cm³） | CNL/% |
|---|---|---|---|---|
| J₁b₄&J₁b₅ | 泥质隔夹层 | ≤ 16 | | ≥ 28 |
| | 钙质隔夹层 | ≥ 40 | >2.5 | |

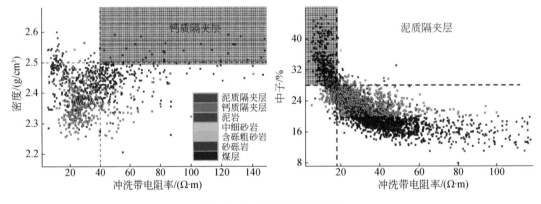

图1-5-48　隔夹层识别图版

（四）隔夹层分布特征

通过单井隔夹层识别、连井隔夹层及隔夹层空间分布分析得知，研究区隔夹层厚度薄，隔夹层平均厚度在2m左右，单井隔夹层非常发育，单层隔夹层发育频率为3～4层/井。

从剖面上看，$J_1b_5^1$沉积时期以钙质隔夹层和物性隔夹层为主，泥质隔夹层相对不发育，仅在部分井的沉积末期发育较薄的泥质隔夹层，$J_1b_4$沉积时期以泥质隔夹层为主，钙质隔夹层和物性隔夹层相对不发育。剖面上的泥质隔夹层主要是位于$J_1b_5^1$顶部和$J_1b_4^2$顶部广泛分布的泥岩隔夹层，以及位于$J_1b_5^2$顶部分布局限的泥岩隔夹层。

从分布范围上看，泥质隔夹层多是沉积形成的，因此分布范围较广。厚度较厚的泥质隔夹层基本是全区分布，厚度较薄的泥质隔夹层也能延伸2～3口井的井距。而钙质隔夹层多是由后期的成岩作用形成，分布范围相对局限，厚度也非常小，井间延伸范围多在1～2口井的井距，井间可对比性非常差（图1-5-49）。

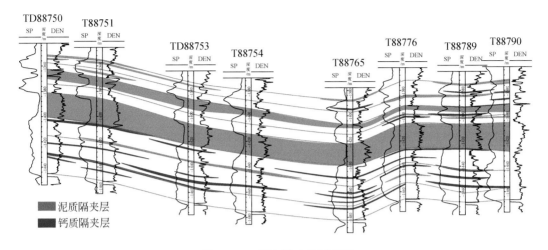

图 1-5-49　隔夹层连井剖面图

通过单井隔夹层识别，结合储层反演，对全区的隔夹层分布进行了研究。通过比对发现，从泥质隔夹层的分布（图 1-5-50）来看，$J_1b_4$ 沉积时期泥质隔夹层发育，平面上基本呈北西 – 南东方向的条带状沿河道发育展布，与该区各个砂层组砂体宏观展布趋势吻合性较好。各条带之间厚度变化剧烈，平面上呈现一定的非均质性。$J_1b_5^{1-1}$ 沉积时期，泥质隔夹层在河道附近发育，而 $J_1b_5^{1-2}$ 和 $J_1b_5^{1-3}$ 沉积时期泥质隔夹层基本不发育。

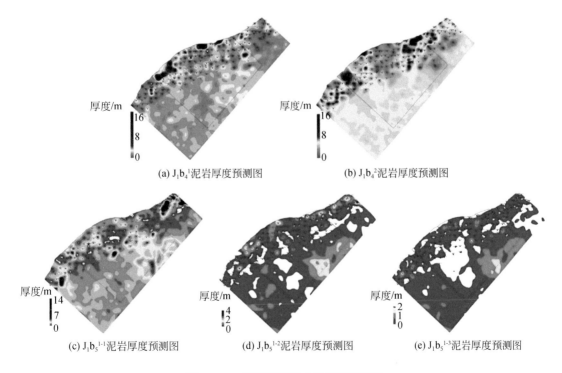

(a) $J_1b_4^1$ 泥岩厚度预测图　　　　(b) $J_1b_4^2$ 泥岩厚度预测图

(c) $J_1b_5^{1-1}$ 泥岩厚度预测图　　(d) $J_1b_5^{1-2}$ 泥岩厚度预测图　　(e) $J_1b_5^{1-3}$ 泥岩厚度预测图

图 1-5-50　研究区泥质夹层厚度预测图

对于钙质隔夹层而言（图 1-5-51），$J_1b_4$ 沉积时期基本不发育，而 $J_1b5^{1-2}$ 沉积时期钙质隔夹层非常发育，从平面展布上来看，钙质隔夹层基本也是呈条带状连片展布，说明沉积作用对钙质隔夹层的分布也有一定的控制作用。

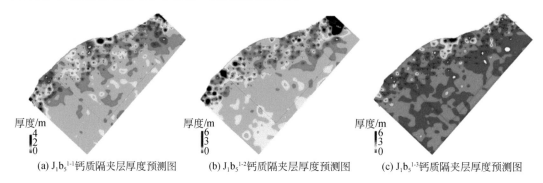

(a) $J_1b_5^{1-1}$钙质隔夹层厚度预测图　　(b) $J_1b_5^{1-2}$钙质隔夹层厚度预测图　　(c) $J_1b_5^{1-3}$钙质隔夹层厚度预测图

图 1-5-51　研究区钙质隔夹层厚度预测图

### （五）砂体接触关系分析

由反演结果和井震分析可得：$J_1b_4^1$ 主要发育含砾粗砂岩和中细砂岩，泥岩有一定的厚度分布；$J_1b_4^2$ 主要发育含砾粗砂岩和中细砂岩，泥岩厚度大；$J_1b_5^{1-1}$ 主要发育中细砂岩和含砾粗砂岩储层，泥质与钙质隔夹层厚度均不大；$J_1b_5^{1-2}$ 上部主要发育中细砂岩和含砾粗砂岩储层，$J_1b_5^{1-2}$ 下部主要发育砂砾岩储层，泥岩很薄，钙质隔夹层较厚；$J_1b_5^{1-3}$ 主要发育含砾粗砂岩和砂砾岩储层，泥质和钙质隔夹层都较薄。根据反演结果和井校获得最终的各个岩性的厚度图。

$J_1b_4^1$ 主要发育中细砂岩和含砾粗砂岩储层，中细砂岩在平面上条带分布。泥质隔夹层平面上条带分布明显（图 1-5-52）。

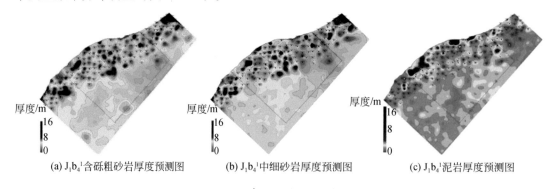

(a) $J_1b_4^1$含砾粗砂岩厚度预测图　　(b) $J_1b_4^1$中细砂岩厚度预测图　　(c) $J_1b_4^1$泥岩厚度预测图

图 1-5-52　$J_1b_4^1$ 层不同岩性分布厚度图

$J_1b_4^2$ 主要发育中细砂岩和含砾粗砂岩储层，平面上分带明显。沉积厚度大，基本在断层附近。泥质隔夹层平面分带明显（图 1-5-53）。

$J_1b_5^{1-1}$ 主要发育中细砂岩和含砾粗砂岩储层。泥岩略厚，钙质隔夹层厚度不大（图 1-5-54）。

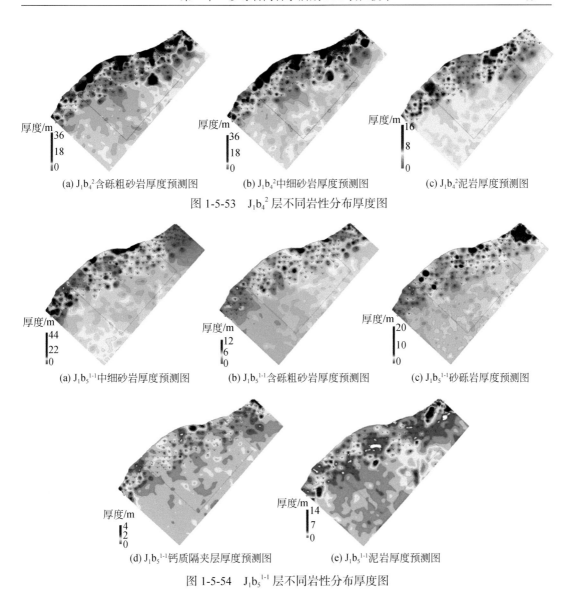

(a) $J_1b_4{}^2$ 含砾粗砂岩厚度预测图    (b) $J_1b_4{}^2$ 中细砂岩厚度预测图    (c) $J_1b_4{}^2$ 泥岩厚度预测图

图 1-5-53    $J_1b_4{}^2$ 层不同岩性分布厚度图

(a) $J_1b_5{}^{1-1}$ 中细砂岩厚度预测图    (b) $J_1b_5{}^{1-1}$ 含砾粗砂岩厚度预测图    (c) $J_1b_5{}^{1-1}$ 砂砾岩厚度预测图

(d) $J_1b_5{}^{1-1}$ 钙质隔夹层厚度预测图    (e) $J_1b_5{}^{1-1}$ 泥岩厚度预测图

图 1-5-54    $J_1b_5{}^{1-1}$ 层不同岩性分布厚度图

$J_1b_5{}^{1-2}$ 上部主要发育中细砂岩和含砾粗砂岩储层，下部主要发育砂砾岩储层。泥岩很薄，钙质隔夹层较厚（图 1-5-55）。$J_1b_5{}^{1-3}$ 砂砾岩储层非常发育（图 1-5-56）。

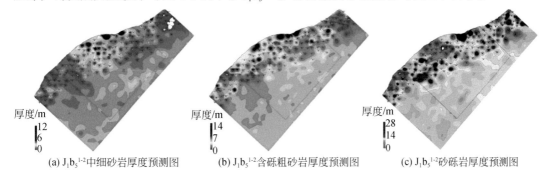

(a) $J_1b_5{}^{1-2}$ 中细砂岩厚度预测图    (b) $J_1b_5{}^{1-2}$ 含砾粗砂岩厚度预测图    (c) $J_1b_5{}^{1-2}$ 砂砾岩厚度预测图

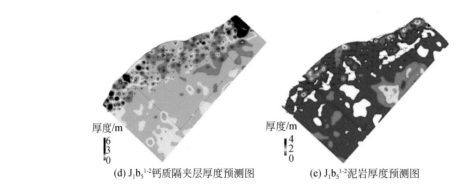

(d) $J_1b_5^{1-2}$钙质隔夹层厚度预测图        (e) $J_1b_5^{1-2}$泥岩厚度预测图

图 1-5-55    $J_1b_5^{1-2}$ 层不同岩性分布厚度图

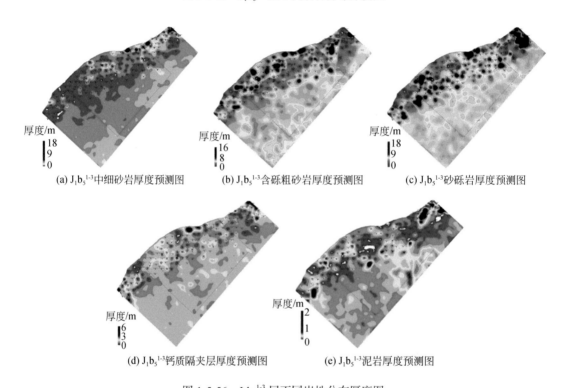

(a) $J_1b_5^{1-3}$中细砂岩厚度预测图    (b) $J_1b_5^{1-3}$含砾粗砂岩厚度预测图    (c) $J_1b_5^{1-3}$砂砾岩厚度预测图

(d) $J_1b_5^{1-3}$钙质隔夹层厚度预测图        (e) $J_1b_5^{1-3}$泥岩厚度预测图

图 1-5-56    $J_1b_5^{1-3}$ 层不同岩性分布厚度图

从砂体厚度分布上看，沉积微相控制着储层结构和砂体形态，八道湾组不同砂层组内部单砂体基本与水流方向一致，整体呈北西 - 南东向展布。顺水流方向砂体厚度稳定，延伸远；而垂直水流方向，砂体呈顶平底凸的透镜体。侧向储层厚度变化快、连通性差，河道砂合并、分叉特征明显。

上述砂体空间展布特征与河道间泥岩的组合构成了两种储层结构，其一为拼合板状结构，其二为迷宫状结构（刘钰铭等，2009，2011）。由于河道的连续侧向迁移或多条辫状河道交叉、并行，砂体侧向连接构成近似席状的拼合砂体，组成拼合板状储层结构。这种储层结构砂体间平面连通性好，是本区主要的储层结构类型，这类储层结构在 $J_1b_5$、$J_1b_4$

较发育。另外，一些河道砂体被泥岩相隔离，或少量土豆状漫溢砂体被泥岩包围，砂体间横向连续性差，构成迷宫状储层结构。

砂体形态受控于沉积时的古地形和古水流方向，限制性古地形形成的砂体特点为宽度小、厚度大、宽度比小，而开阔古地形区形成的砂体宽度比大。平行古水流方向的砂体延伸范围较大，而且向古水流的下游方向砂体厚度减薄，垂直古水流方向的砂体展布范围很局限。从各单砂体平面分布图来看，本区砂砾辫状河道的宽浅河道侧向迁移迅速，不同时间单元砂砾岩体错叠，砂体均呈条带状大面积分布，连续性较好，从而形成辫状河特有的"泛连通体"。

## 四、储层静态建模

通过三维地质模型数据体定量表征油藏和储层特征是贯穿于油田勘探开发各个阶段的一项基本工作。根据油田不同阶段的需要及资料的丰富程度，储层地质模型又可分为概念模型（conceptual models）、静态模型（static models）和预测模型（prediction models，或称精细模型 fine models）三种类型。概念模型建于油藏评价和开发设计阶段，油田地质工作者根据少数探井和评价井的取心资料，结合测井、地球物理等方法，以储层沉积学的研究为基础，从沉积成因和机制上解释储层的非均质性，得出研究区域特定沉积环境上储层砂体非均质性的一般规律，然后加以科学地抽象化、典型化和概念化，形成数据体模型。概念建模的目的就是保证开发方案中层系划分、开发方式、井网部署和注采系统等重大决策的科学性和合理性，以免造成不可挽回的损失。静态模型多建于开发方案实施后，这时开发井及注水井部署完毕，储层特征（砂体几何形态、物性参数分布）基本上由井网控制，建模以测井资料为主，结合地震解释提供的构造信息和沉积相研究成果，在小层对比的基础上，通过井间连续内插建立起孔隙度、渗透率等物性参数数据体，从而定量化描述油藏，并为模拟生产动态提供静态参数。预测模型是针对开发后期提高采收率的各项新技术、新方法（主要是指三次采油技术）而建的，建模的主要途径是沉积学研究结合地质统计学技术，即通过野外具有代表性露头的详细研究，运用密集式取样，同时综合利用地质测井、地震等多项技术，将一定沉积类型储层地质体的内部结构及各项参数的空间分布通过高密度的数据点实实在在地揭示出来，并与沉积相、沉积能量单元等建立联系，由此总结出规律，根据井点的实际资料，作一定程度的内插和外推，以确定剩余油的分布规律。其主要目的是对三次采油提供预见性的科学依据。

地质模型是精细油藏描述的重要成果之一，也是油藏动态分析和数值模拟的重要基础，符合实际的地质模型应综合反映多种基础地质研究的成果。本次建模以高精度层序地层格架和储层岩相模型为基础，以地质统计学为手段，采用随机建模技术，预测了井间储层参数的变化，建立了不同储层参数的三维地质模型，为精细油藏数值模拟提供静态参数场。考虑到资料的丰富程度及建模技术发展现状，本次建模主要属于较准确的静态建模。

相比于普通的地质建模，上述建模工作主要有两个特点：一是本区构造属于逆断层控制下的大型单斜构造，因此构造建模的结果需反映出本区逆断层的地层特征；二是本次建模是在地震资料约束下完成的，在开发阶段，井网井距一般为百米级，而对于强非均质储层来说，河道砂体在一个井距内往往会发生突变，因此仅靠单一资料难以解决井间预测多解性的问题。在开发区的外围，井网密度小、井距大、预测难度大，所以需要融合地震数据对储层进行综合建模来降低不确定性，提高预测精度。

地质建模是以数据库为基础的，所建模型的可靠性很大程度上取决于数据的丰富程度以及准确性。研究区内地质建模所需的基本数据，主要包含以下数据类型：

（1）井头数据：其中包含了井名、X 和 Y 坐标、测深、补心海拔和井类别等井头数据；

（2）分层数据：用来对地层进行划分的数据；

（3）测井数据：包括井轨迹、自然电位曲线、自然伽马曲线、泥质含量、孔隙度、渗透率、含油饱和度等测井数据，针对储层参数曲线不全的井，此次研究将根据岩石物理研究成果，予以换算和求解；

（4）地震数据：地震原始数据体与地震波阻抗反演数据体，地震解释层位。

将上述提到的数据加载到 Petrel 软件中，在地震解释层位约束下建立地层构造模型，生成构造面。检查层面上是否有异常，如有异常，对数据进行核对修正，确保纵向上数据的正确性。

在建模过程中，合理的网格设计非常重要。一方面，为了节省计算机资源，网格数目应尽可能少，且形状尽量不要畸形；另一方面，为了控制地质体的形态及保证建模精度，网格又不能过少。因此，应根据工区的实际地质情况及井网密度设计出合适的网格。工区目的层段多数井距为 100m 以上，平面网格选择 12.5m×12.5m，垂向网格选择 0.5m，满足有效厚度下限的要求。

研究中主要是利用优选的测井数据来作为硬数据，并利用地震反演数据所得到的岩性概率体以及其他地震数据体来作为约束进行建模。

## （一）构造建模

构造建模包括断层建模和层位建模两部分。断层建模的最终目的是要保证模型中的断层面倾角、走向与地震解释成果相吻合，断层之间切割关系正确，断面与钻井断点一致并且断层上下盘与构造层位相匹配。层位建模的最终结果是保证产生的层位不相互交叉，并且与钻井分层吻合（吕建荣等，2008）。

构造建模是后期岩相模型和储层参数模型建立的基础，它可以将二维的内容转化到三维空间，使建模结果更加直观。针对研究区的逆断层，根据地震获得的断层解释结果，结合在井上获得的 5 口过逆断层井的地层重复数据（图 1-5-57），在建立合理的断层的基础上，调整每个地层与断层面的交线，通过交线控制地层形态，从而完成研究区的逆断层建模（图 1-5-58）。在研究区完成的逆断层，其断距在 80m 附近，与井上的数据吻合。

针对主要目的层段（$J_1b_4$ 和 $J_1b_5$）进行构造模型的建立。以高精度层序地层格架为基础，以地震解释构造面为约束条件，采用克里金插值算法，建立了目的层等时沉积地层单元（图 1-5-59）。

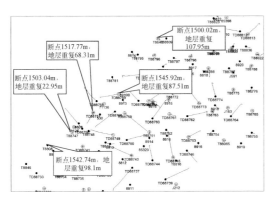

图 1-5-57　过逆断层井平面图

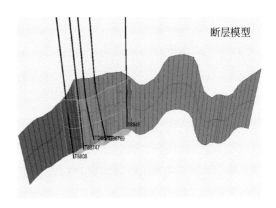

图 1-5-58　八道湾组断层模型

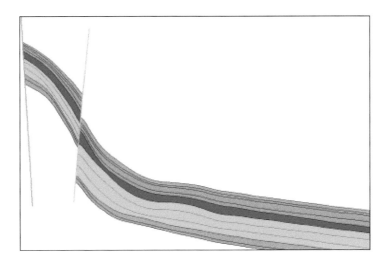

图 1-5-59　过断层模型剖面（垂向共有 10 个地层沉积单元）

　　地层单元以 10 个单层为基本格架，为消除薄层影响，采用"级次建模、厚度控制"的建模方法。确保了每一套储层单独作为一个地质单元，保证了后期模型更加具有针对性（图 1-5-60）。

（二）岩相建模

　　储层建模方法可分为两大类，即确定性建模和随机建模。确定性建模试图从确定性资料出发，推测出井间确定的、唯一的储层特征分布，而随机建模是对井间未知区应用随机建模方法，建立可选的、等概率的储层地质分布模型。

　　由于资料的局限性，往往难以把握井间的确定性信息，井间储层分布具有较大的随机性。因此，在油田开发阶段储层建模中，人们逐渐认识到确定性建模方法带来的缺陷。而应用随机建模方法，可建立一簇等概率的储层三维模型，因而可评价储层不确定性，进一步把握井间储层的变化。正是基于这一原因，此次主要采用随机建模方法对岩相进行三维

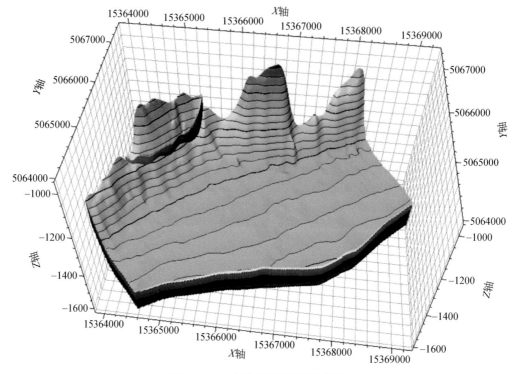

图 1-5-60 八区八道湾组构造模型

建模。然而为了尽量降低模型中的不确定性，我们应用确定性信息来限定随机建模过程，这就是随机建模与确定性建模相结合的建模思路。

由于岩石相各向异性相对较强，综合对比软件的各种模拟算法的优势，本区岩相的模拟采用序贯指示模拟方法。序贯指示模拟方法是属于指示模拟的范畴，也是常用的一种离散变量模拟方法。该方法主要是通过对储层空间属性参数的变异函数进行推断，建立基于变异函数的随机模型，再进行随机模拟给出属性参数空间分布的结果。

利用建模的手段使测井、地震、地质有机结合起来，协调地表征和描述油藏。利用目标概率反演估算五种不同岩性的概率，明确该区储层空间砂体展布规律、储层物性及有利储层分布。以测井解释数据为硬数据，在反演概率体的控制下，采用序贯高斯函数模拟，以反演数据为第二变量同位协同随机模拟，来综合表征储层。

从不同岩相的分布百分比（图1-5-61）上来看，本次建立的岩相模型基本遵循了井上岩相数据的分布规律。从单井的结果（图1-5-62）来看数据吻合也比较好，模型

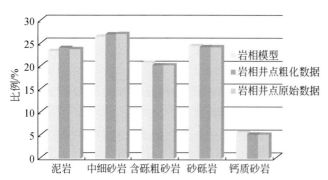

图 1-5-61 不同岩相分布比例（岩相模型、岩相井点粗化数据、岩相井点原始数据）

忠实于原始井上数据。

从图 1-5-63 可以看出，无地震约束时，井间岩性变化频繁，连续性非常差且规律性不明显，岩性变化界面不易识别，通过地震约束获得的岩相模型，与 AI（波阻抗）反演的结果也吻合较好，井间岩性相变界面清晰，连续性较好，对沉积相变的反映也更加明显。

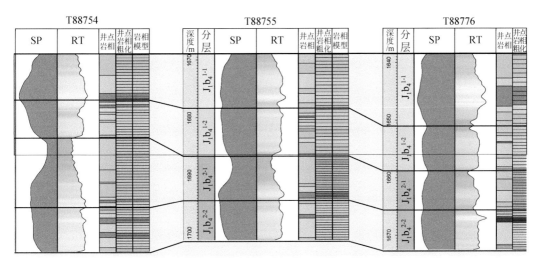

图 1-5-62　单井模型数据、粗化数据、井上原始数据对比

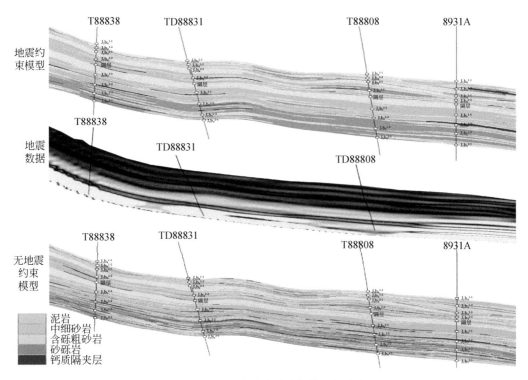

图 1-5-63　反演约束对岩相模型的影响

模型结果与在研究区关于夹层的地质认识也吻合（图1-5-64），$J_1b_4$以泥质隔夹层为主，$J_1b_5$钙质隔夹层发育。泥质隔夹层的延伸范围相对广泛，发育比较稳定，而钙质隔夹层的储层则分布局限，零散、延伸范围相对较小，并且厚度也较薄。

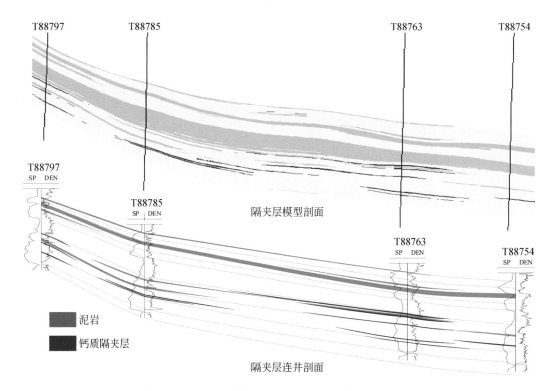

图1-5-64 隔夹层模型剖面与隔夹层连井剖面的对比

在目标概率反演结果的约束下，采用随机算法获得多个等概率体并优选出与地质认识最吻合的结果作为最终的岩相建模结果（图1-5-65）。

（三）储层参数建模

传统的参数建模主要依据各井储层参数进行井间插值以建立储层参数三维分布模型。这种方法比较简便，主要适合于具有单一相分布或具有千层饼状结构的储层参数建模。但对于具有多相分布或复杂储层结构的储层来说，不同相的储层参数分布有较大的差别，因此，应用这种方法将影响所建模型的精度。依据前面的建模思路，建立了地层、构造三维网格和沉积微相模型后，将离散的测井二次解释数据（孔隙度和渗透率）加载进三维网格，这样仅仅是给井轨迹对应的三维网格赋予了各种属性值，建模的目的就是要给井间的网格赋值，对储层物性起到井间预测的作用。针对这种情况，此次建模将采取多属性约束的方式，主要用到岩相模型、孔隙度目标概率反演数据体和波阻抗数据体三类。

属性建模依据的是井点测井解释成果数据，通过三向变差函数的拟合，求取三个方向的变程，根据岩相模型和三维反演数据体，对属性参数进行约束控制，最终完成孔隙度、

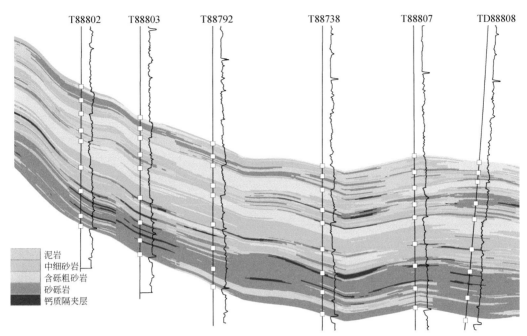

图 1-5-65 储层岩性建模剖面结果图（井上的小方块为井的分层点）

渗透率与含水饱和度模型的建立。

针对研究区的实际地质情况，采用相控条件下的随机模拟方法建立储层参数属性模型。井点处的属性值忠实于井点数据，井点以外的井间预测采用适合的插值方法，利用反演获得的孔隙度数据体和饱和度数据体进行井间插值数据的约束，即可得到储层属性参数的三维模型。由于井间参数场分布的不确定性，三维模型可以具有多个实现结果，需要结合实际生产动态数据所反映出来的储层特征确定最适合的模型。

图 1-5-66～图 1-5-68 分别为地震约束下的孔隙度模型、渗透率模型和含油饱和度模

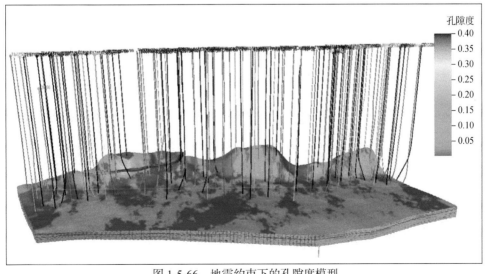

图 1-5-66 地震约束下的孔隙度模型

型平面图，参数分布严格受到砂砾岩分布的控制，孔隙度与渗透率明显受相态的控制。

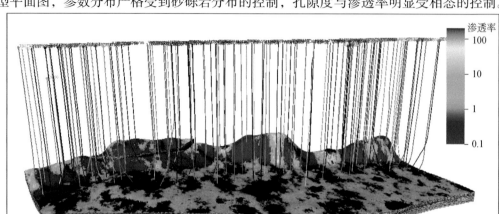

图 1-5-67　地震约束下的渗透率模型

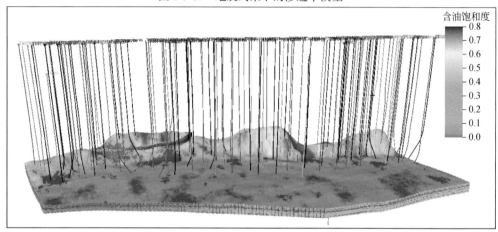

图 1-5-68　地震约束下的含油饱和度模型

应用随机模拟的方法，并利用地震数据对储层参数进行空间预测，最大限度地应用了工区的已知信息，对于未知点的预测考虑了与其相关的所有点，并且以地质条件对预测的整个过程进行约束，可以保证预测的正确性。如图 1-5-69 和图 1-5-70 所示为孔隙度、渗透率、

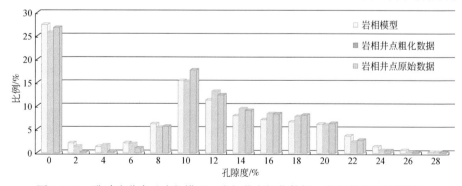

图 1-5-69　孔隙度分布（岩相模型、岩相井点粗化数据、岩相井点原始数据）

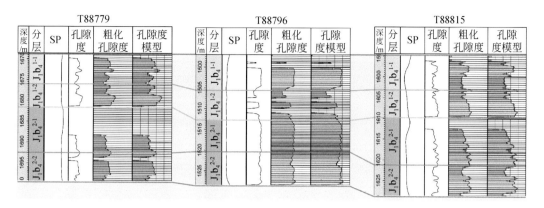

图 1-5-70　单井孔隙度模型数据、粗化孔隙度数据、井上原始孔隙度数据对比

饱和度的测井解释数据和三维模型数据的分布对比图，从中可以看出，这三者之间数据的分布规律基本一致，说明建模的过程忠实于原始井点数据，而且建模的精度是可信的。

## 五、开发动态分析

### （一）资料收集情况

研究区内收集到井 178 口，其中有生产数据的井有 140 口。在研究区的东北方向与西南方向外扩两排生产井 31 口，动态分析研究生产井 171 口（图 1-5-71）。老采油井生产数据收集至 2017 年 11 月，老注水井收集至 2017 年 7 月（月报）。新井日报数据收集至2018 年 4 月 17 日（日报）。

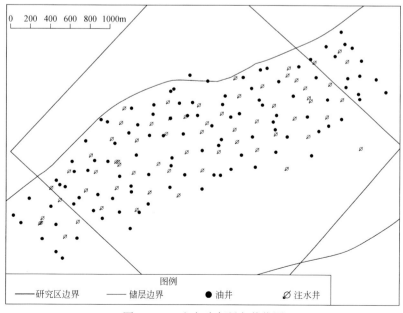

图 1-5-71　生产动态研究井位图

研究区内 62 口井、外扩区 14 口井有产吸剖面资料（表 1-5-5）。

表 1-5-5　有产吸剖面资料的井区域分布　　　　　　　　　　（单位：口）

| 分类 | 研究区 | 外扩 | 合计 |
|---|---|---|---|
| 新采油井 | 28 | 8 | 36 |
| 新注水井 | 14 | 2 | 16 |
| 老采油井 | 13 | 4 | 17 |
| 老注水井 | 7 | 0 | 7 |
| 合计 | 62 | 14 | 76 |

## （二）动态分析

全油藏 1978 年采用 400～500m 井距反七点面积井网注水开发 $J_1b_{4+5}$ 层，2015 年 12 月采出程度为 36.49%，含水率为 84.6%。

2016 年在 A 区、B 区部署聚合物驱方案。老井封堵 $J_1b_5^1$ 层，继续开采 $J_1b_4$ 层。新井 145～175m 井距反五点井网开发 $J_1b_5^1$ 油藏，水驱 2 年后转聚驱开发，第 9 年上返 $J_1b_4$ 层。$J_1b_4$ 层前 8 年老井网水驱开发，后 8 年用新井网聚驱开发。方案预测 16 年。

研究区全部位于 A 区内。老采油井 30 口，老注水井 14 口，新采油井 55 口，新注水井 41 口。共计老井 44 口，新井 96 口。老井 530 井于 1967 年 1 月最早投产，8815 井于 1979 年 6 月开始注水。新井于 2016 年 11 月 6 日开始投产 $J_1b_5^1$ 层，2016 年 12 月 11 日开始注水。开井至 2015 年 12 月，研究区累产油 284.02 万 t，含水率为 72.91%。

老井可划分为 1967～1980 年的产能建设、1981～1990 年的稳产阶段、1991 年至今的递减阶段（图 1-5-72）。

老井在合采 $J_1b_{4+5}$ 和单采 $J_1b_4$ 时，生产曲线上趋于稳定，注采比略有下降，气油比略有上升（表 1-5-6）。

表 1-5-6　老井开采参数

| 时间 | 累产油 / 万 t | 累产气 / 亿 m³ | 累注水 / 万 t | 累产液 / 万 t | 累积注采比 | 累积气油比 | 备注 |
|---|---|---|---|---|---|---|---|
| 1967 年 1 月～2016 年 10 月 | 287.91 | 2.62 | 497.66 | 558.21 | 0.891 | 91.00 | 合采 $J_1b_{4+5}$ |
| 2016 年 11 月～2017 年 7 月 | 2.97 | 0.06 | 9.58 | 12.19 | 0.785 | 202.02 | 单采 $J_1b_4$ 层 |
| 1967～2017 年 | 290.88 | 2.68 | 507.24 | 570.40 | 0.889 | 92.13 | —— |

研究区 2017 年 7 月 30 口老采油井、14 口老注水井，月产油 3544t，月产水 10966t，月产气 85.56 万 m³，月注水 8800t，含水率为 75.57%。2017 年 7 月瞬时气油比为 241.42，注采比为 0.6065（图 1-5-73）。

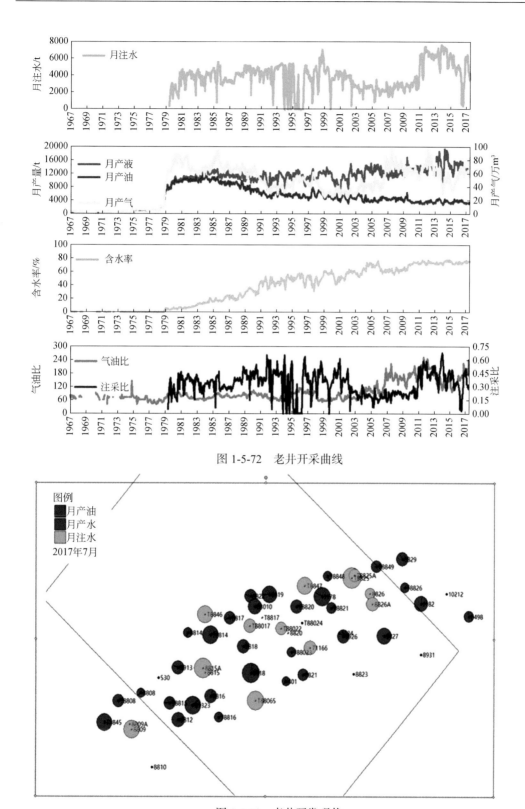

图 1-5-72　老井开采曲线

图 1-5-73　老井开发现状

研究区内新井 96 口，2016 年 11 月开井，至 2017 年 6 月随开井数的增加产油量上升，2017 年 10 月～ 2018 年 4 月日产油稳定在 100t 左右。自开井至 2018 年 4 月含水在 90% 左右，为高含水（图 1-5-74，表 1-5-7）。

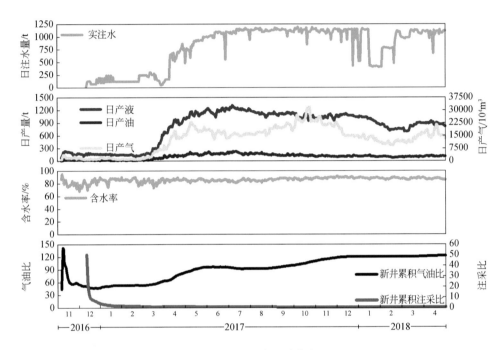

图 1-5-74　新井开采曲线

表 1-5-7　新井累产及目前开发参数

| 时间 | 累产油 /10⁴t | 累产气 /10⁴m³ | 累注水 /10⁴t | 累产液 /10⁴t | 累积注采比 | 累积气油比 |
|---|---|---|---|---|---|---|
| 2016 年 11 月～ 2018 年 4 月 | 5.4392 | 673.88 | 39.29 | 41.7392 | 0.9415 | 123.89 |
| 时间 | 日产油 /t | 日产气 /10⁴m³ | 日注水 /t | 日产液 /t | 瞬时注采比 | 瞬时气油比 |
| 2018 年 4 月 17 日 | 108.31 | 1.3494 | 1114 | 902.58 | 1.23 | 124.58 |

从图 1-5-75 上看，断层附近的新井含水低，产油量高。两期大型河道相交的位置处物性差，油井液油量极低。

研究区及外扩区内共计新井 117 口，2016 年 11 月起陆续投产，统计新井投产时含水率范围，得到如图 1-5-76 所示的投产时间跟含水率散点图及柱状图。投产开井含水率 >90%，有 22 口井，占 40%；含水率 >80%，有 37 口井，占 67%。

这是因为 $J_1b_5^1$ 层强水淹比例大（图 1-5-77），油层只有 10%，所以新井开井含水率高（表 1-5-8）。

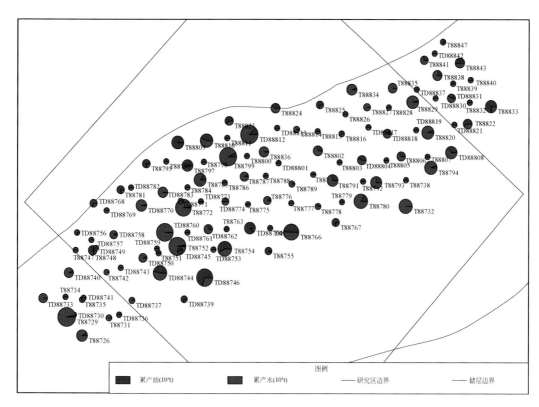

图 1-5-75　新井开井至 2018 年 4 月累产图

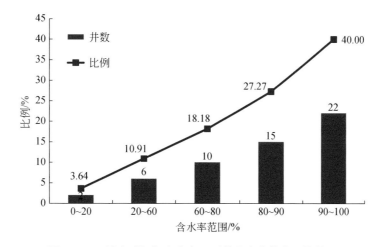

图 1-5-76　投产时间与含水率、开井含水率散点及柱状图

表 1-5-8　$J_1b_5^1$ 层水淹比例

| 水淹级别 | 油层 | 弱水淹 | 中水淹 | 强水淹 |
| --- | --- | --- | --- | --- |
| 厚度 /m | 2.7 | 4.7 | 1.6 | 7.8 |
| 比例 /% | 10.0 | 17.2 | 6.0 | 28.3 |

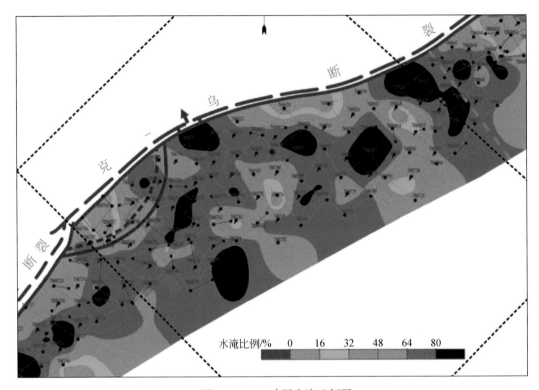

图 1-5-77　$J_1b_5^1$ 层水淹比例图

研究区 16 口水窜井，占新采油井（55 口）的 29%。水窜井的高占比使得新井含水率在整个开采过程中高。水窜井主要分布于两期河道相交的心滩处，如图 1-5-78 所示。

以单井组来看，水淹井组 T88738 井组，生产井高液量，极低油量，含水接近 100%。整个井组水窜如图 1-5-79 所示。

T88738 井组产吸剖面显示 4 口生产井液量高，但油量极低（图 1-5-80）。

新井表现出靠近断层区域处产油量高，这是因为断层部位构造高，有效厚度大，物性好（图 1-5-81）。

（三）新井连通性分析

综合地震、地质分析认为地震数据能够反映沉积相带的变化。以地震相带研究井间连通性（图 1-5-82）。

以典型井组为例，研究地震相带与井间连通性的关系。生产井 TD88774 与 4 口注水井 T88786、T88775、T88763、TD88773 在地震属性上显示均在不同相带（图 1-5-83）。

在注采射孔层位对应的情况下，对 4 口注水井 T88786、T88775、T88763、TD88773 进行了示踪剂检测，TD88774 井组均未检测到。

从生产曲线上看，TD88774 井在周围注水井注水状况良好的情况下，液油量极低，接近于零（图 1-5-84）。

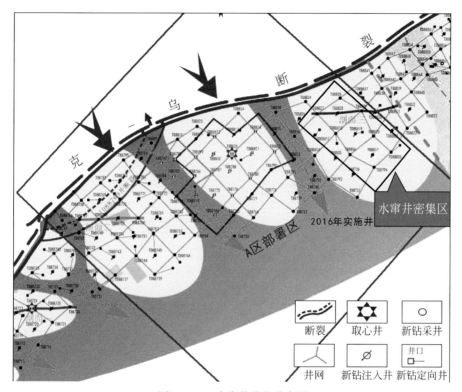

图 1-5-78　水窜井井位分布图

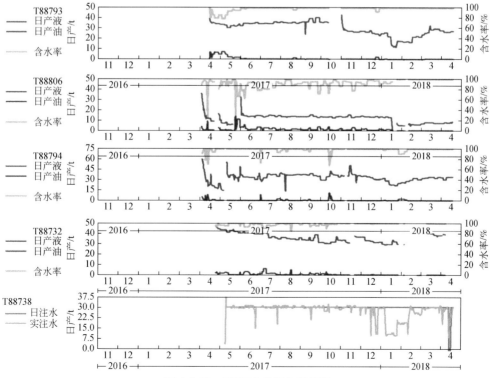

图 1-5-79　T88738 井组生产状况

生产井T88793    生产井T88806    注水井T88738    生产井T88794    生产井T88732

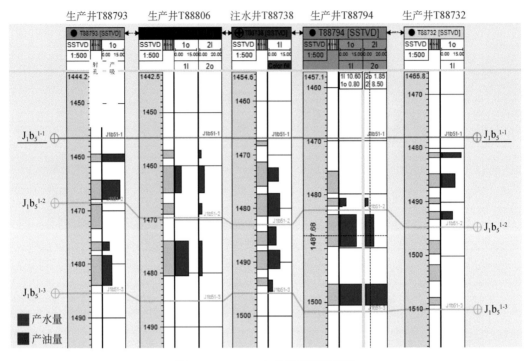

图 1-5-80    T88738 井组产吸剖面图

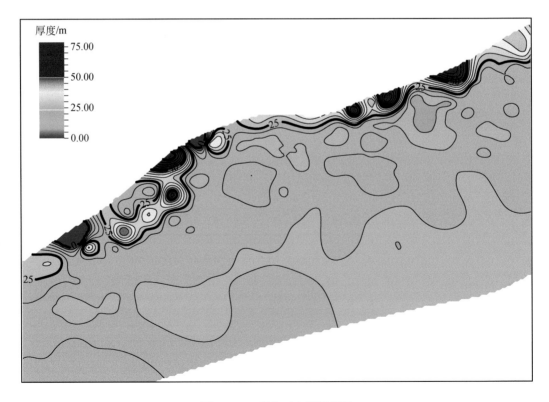

图 1-5-81    研究区有效厚度图

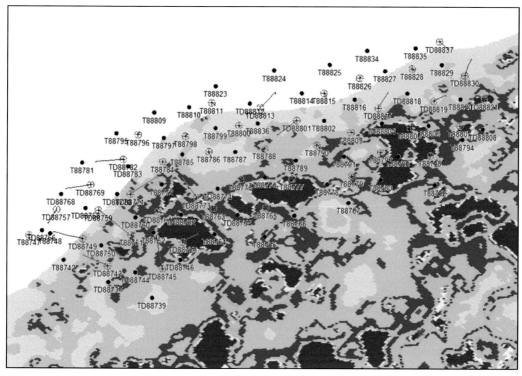

图 1-5-82　地震属性图

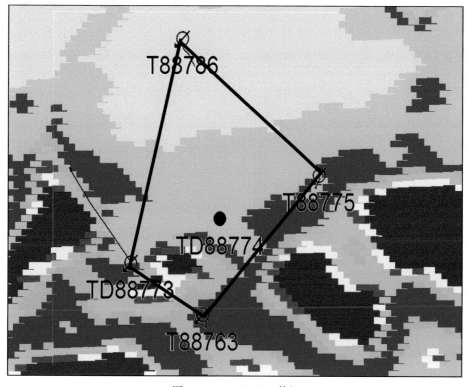

图 1-5-83　TD88774 井组

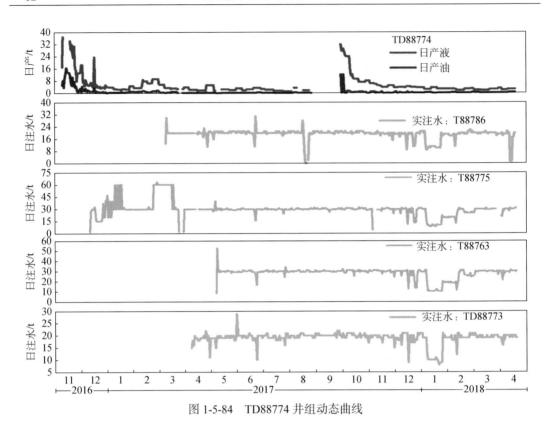

图 1-5-84　TD88774 井组动态曲线

以 T88799 生产井组和 T88800 注水井组为例，研究地质、地震、测井和动态信息与井间连通性关系。

T88799 井位于构造高部位，主要为含砾粗砂岩，钙质隔夹层厚度小，平均孔隙度为16.68%，物性较好。同时周围的四口注水井储层厚度和隔夹层厚度差异均不大。T88811井孔隙度比其他三口井低一些，但在有效孔隙度范围内，不影响井间连通性（图 1-5-85）。

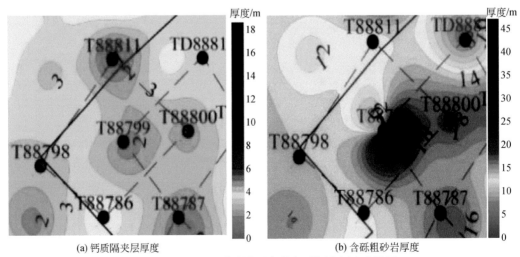

(a) 钙质隔夹层厚度　　　　　　　　　　(b) 含砾粗砂岩厚度

图 1-5-85　T88799 井所在局部的钙质隔夹层和岩性图

T88799 井所在的储层的物性非常好，并且泥质隔夹层发育，有效隔挡了 $J_1b_5^{1-1}$ 内的高水淹层。整个 $J_1b_5^1$ 全部射开，注采对应关系非常好，因此，T88799 井产液量稳定，产油量在 2018 年小幅提升，含水率下降；动液面维持在 400m 以上。地层供液充足，开采效果较好（图 1-5-86）。

由图 1-5-87 可知：T88800 井位于构造较高部位，主要为中细砂岩和含砾粗砂岩，T88800 井组射孔层段平均孔隙度为 15.36%，物性较好。四口采油井储层厚度有一定差异，

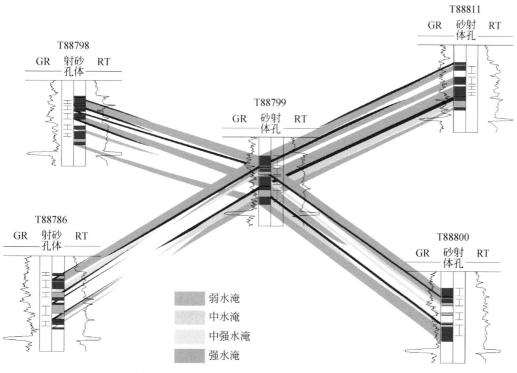

图 1-5-86  T88799 井和周围注水井之间的关系图

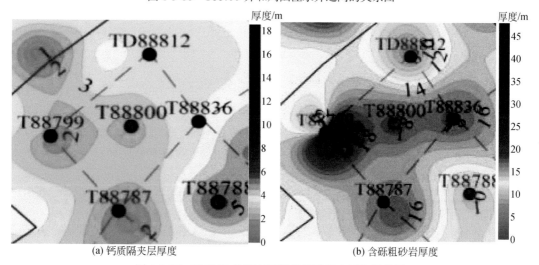

(a) 钙质隔夹层厚度　　　　　　　(b) 含砾粗砂岩厚度

图 1-5-87  T88800 井所在局部的钙质隔夹层和岩性图

隔夹层均比较薄，T88787 井孔隙度小一些，但在有效孔隙度范围内。从图 1-5-88 上可以看到在 T88800 井和 T88787 井之间存在相带变化，从而影响了注水井 T88800 和采油井 T88787 井之间的连通性。

由图 1-5-88 可知：T88800 井组的整个 $J_1b_5^1$ 全部射开，注采对应关系非常好，但 TD88812 井、T88836 井储层水淹严重，T88787 井与 T88800 井之间存在相带变化，导致砂体不连通，并且地层供液不足，导致开采效果不好。T88799 井产液量稳定，产油量在 2018 年小幅提升，含水率下降；动液面维持在 400m 以上。说明地层供液充足，开采效果较好。TD88812 井产液量在 2017 年 6 月份提升，同时动液面下降；2018 年产油量增加，含水率下降，动液面持续下降，说明注水见效，但地层供液不足，应增加注水量，以达到提液提油的目的。T88787 井开采过程中，动液面有所升高，但很快又降低，地层供液不足。T88836 井开井动液面低，泵的沉没度较低，开采过程中产液量下降，产油量低，含水率高，开采效果较差。说明地层供液不足，需加大注水量。

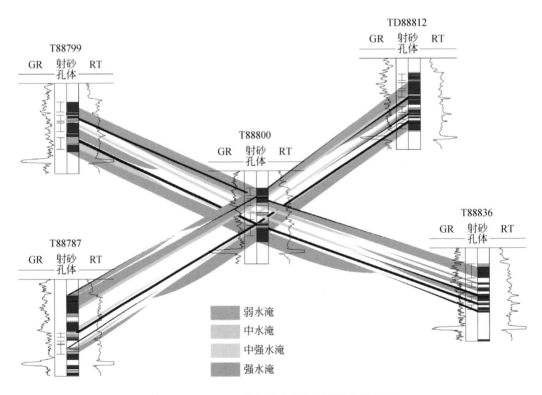

图 1-5-88　T88800 井与注水井之间的注采关系图

新井投产投注日期相近，因此可以用累产液量的大小来划分连通状况优劣的区域。结合岩性分析、物性分析、射孔有效厚度进行单井连通性分析。

岩性变化影响井间连通性。以 TD88801-TD88766 连线井为例（图 1-5-89），生产井 TD88789 井液油量极低，连通性差，T88766 井液油量高，连通性好。从岩性图上看，注水井 TD88801 井、T88777 井和生产井 T88766 井岩性均以砂砾岩为主，而生产井 TD88789 井以中细砂岩、含砾粗砂岩为主。

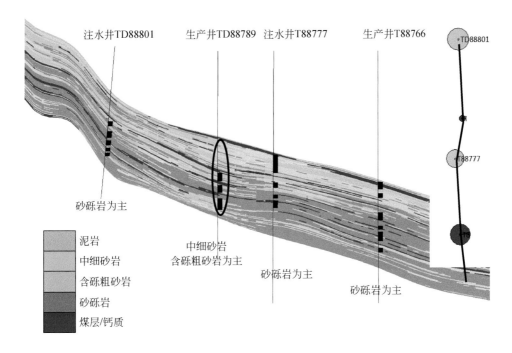

图 1-5-89　TD88801-T88766 连线生产及岩性图

以单井组为例，T88788 井组内，注水井 T88788 井注水量正常，而 T88789 井、T88787 井在 2018 年以后液油量接近于 0，注采不连通（图 1-5-90）。

从反演图 1-5-91 上看，T88787 井与 T88788 井、T88789 井间 $J_1b_5^{1-2}$ 和 $J_1b_5^{1-3}$ 砂体发育连续性差，$J_1b_5^{1-3}$ 钙质隔夹层较发育。

从静态连通图 1-5-92 看，T88788 井与 T88789 井和 T88787 井砂体不连通。

物性好坏影响井间连通性。以 T88836-T88755 连线为例（图 1-5-93），T88755 井、T88836 井孔隙度渗透率低，物性差，连通性差；T88776 井孔隙度渗透率大，物性好，连通性好。

以井组为例，T88779 井组注水量正常，T88778 井液油量接近于 0，注采不连通，T88767 井液量低，连通性差（图 1-5-94）。

从密度曲线上看，T88779 井组的 T88778 井、T88767 井密度低，物性差，T88791 井、T88780 井密度高，物性好（图 1-5-95）。

射孔有效厚度影响连通性。以 T88816-T88767 连线为例（图 1-5-96），生产井 T88816 井、T88767 井的射孔有效厚度小，连通性差，T88791 井射孔有效厚度大，连通性好。

从生产曲线上看，TD88817 井组（图 1-5-97）整体上液量低，连通性差，TD88761 井组（图 1-5-98）液量高，连通性好。

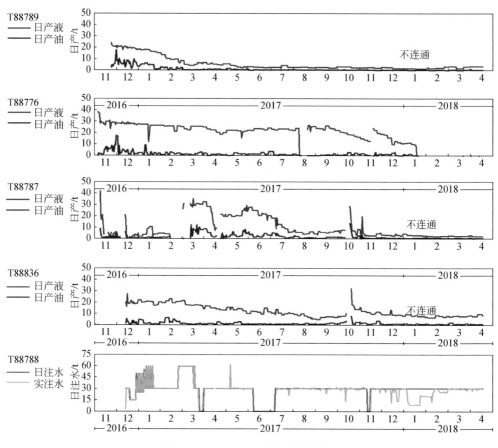

图 1-5-90　T88788 井组生产状况

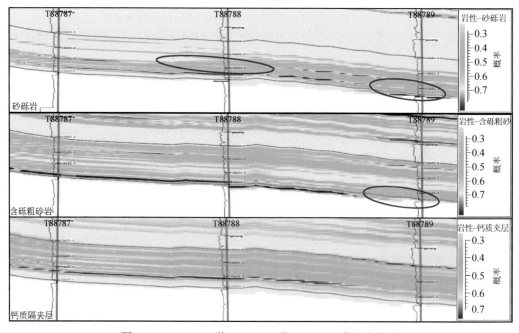

图 1-5-91　T88787 井、T88788 井、T88789 井间岩性图

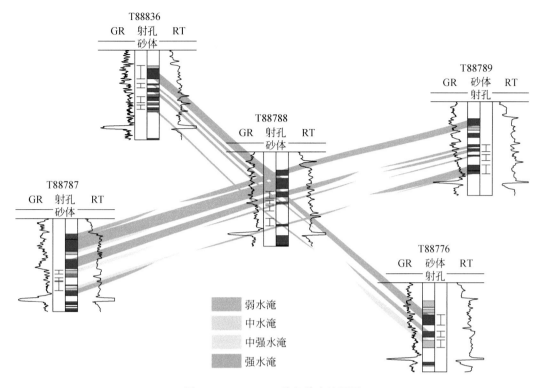

图 1-5-92　T88788 井组静态连通图

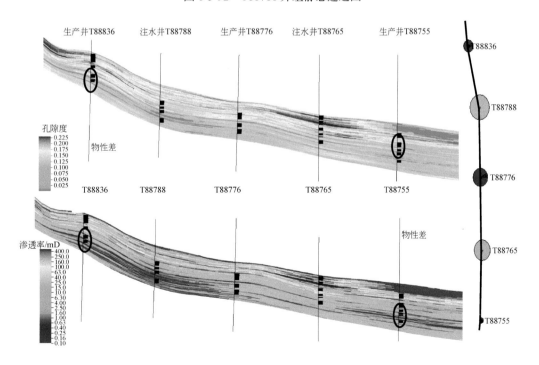

图 1-5-93　T88836-T88755 连线物性图

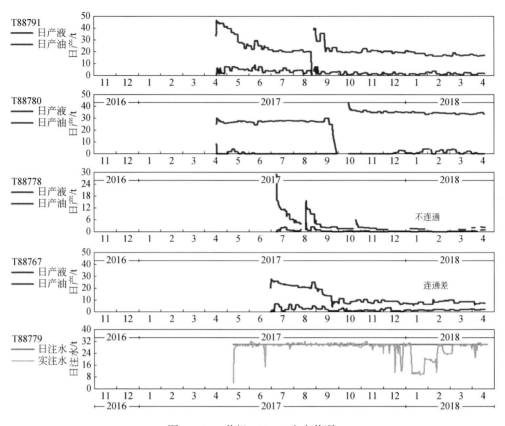

图 1-5-94　井组 T88779 生产状况

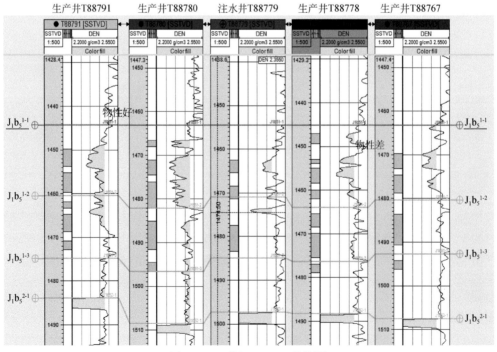

图 1-5-95　井组 T88779 物性图

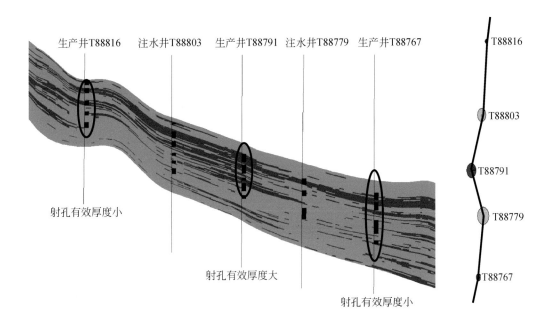

图 1-5-96　T88816-T88767 连线射孔有效厚度

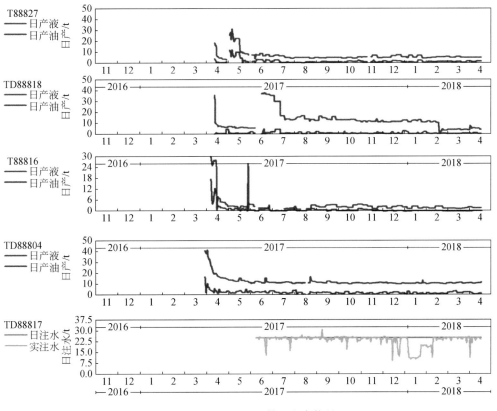

图 1-5-97　TD88817 井组生产状况

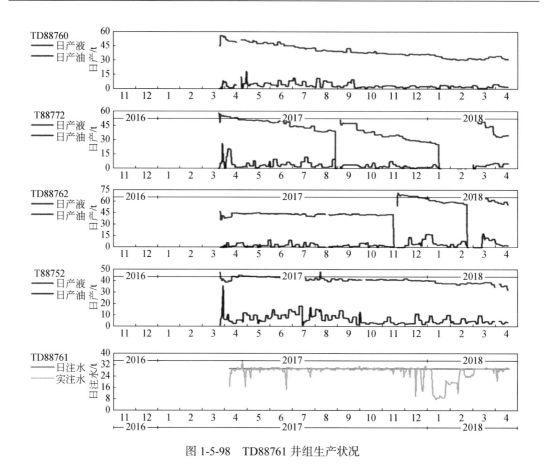

图 1-5-98　TD88761 井组生产状况

　　从单井射孔和有效厚度图 1-5-99 和统计的射孔有效厚度表 1-5-9 看，TD88817 井组射孔有效厚度低，TD88761 井组射孔有效厚度大。

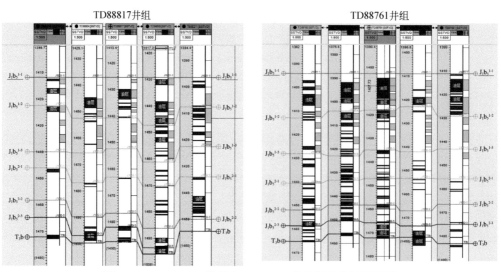

图 1-5-99　TD88817 井组和 TD88761 井组射孔有效厚度图

表 1-5-9　井组 TD88817 和井组 TD88761 射孔有效厚度表

| 注水井 | 射孔 / 有效厚度 /m | 油井 | 射孔 / 有效厚度 /m | 注水井 | 射孔 / 有效厚度 /m | 油井 | 射孔 / 有效厚度 /m |
|---|---|---|---|---|---|---|---|
| TD88817 | 14 | T88816 | 12/4.64 | TD88761 | 23.5 | TD88760 | 18.5/8.33 |
| | | T88827 | 13.5/3.60 | | | T88772 | 14.5/10.94 |
| | | TD88818 | 19/7.16 | | | TD88762 | 18/4.4 |
| | | TD88804 | 15.5/3.83 | | | T88752 | 22/9.81 |
| 总计 | 14/4.1 | | 60/16.23 | | 23.5/13.5 | | 73/33.48 |

综合以上研究，认为研究区的注采连通性呈现为条带状（图 1-5-100）。顺物源方向整体连通性较好，但由于辫状河河道内部常存在多期次侵蚀、叠加，有些位置会造成井间连通性略差。垂直物源方向砂体间多存在渗流屏障，导致井间连通性明显差。

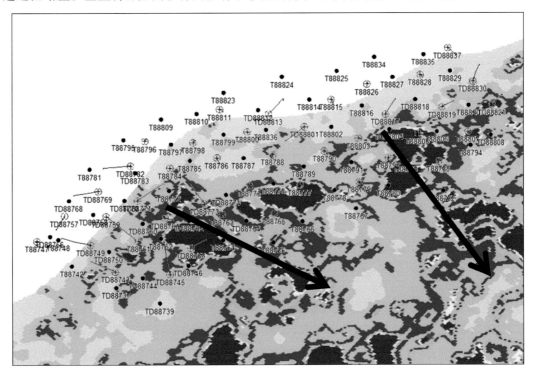

图 1-5-100　研究区连通性优势方向

## 六、油藏数值模拟

在地质模型的基础上，进行油藏数值模拟。数模网格 $223 \times 100 \times 15$，总网格数 33.45

万个，网格步长 25m（表 1-5-10）。

表 1-5-10    建模粗化后的小层划分

| K 值 | 1～2 | 3～4 | 5～6 | 7～8 | 9 | 10～11 | 12～13 | 14～15 |
|---|---|---|---|---|---|---|---|---|
| 小层 | $J_1b_4^{1-1}$ | $J_1b_4^{1-2}$ | $J_1b_4^{2-1}$ | $J_1b_4^{2-2}$ | 隔层 | $J_1b_5^{1-1}$ | $J_1b_5^{1-2}$ | $J_1b_5^{1-3}$ |

数据准备：

（1）PVT（压力体积温度）数据：PVDG（干气的压力体积）、PVTO（活油的压力体积温度）、PVTW（地层水的压力体积温度）、地面流体性质和岩石性质。中密度轻质原油，原始地层压力为 17.25MPa，饱和压力为 15.41MPa，地饱压差为 1.84MPa。无气顶气，开采过程中，由于地饱压差低，原油脱气（图 1-5-101）。

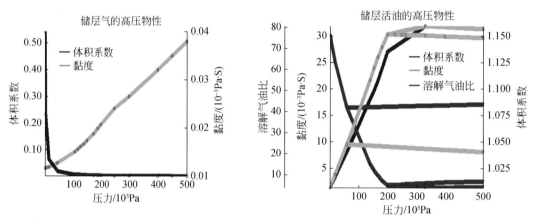

图 1-5-101    数模 PVT 数据

（2）SCAL（相渗曲线）数据如图 1-5-102 示。

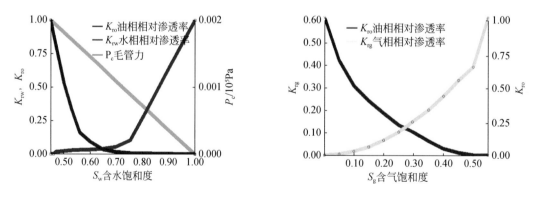

图 1-5-102    数模 SCAL 数据

（3）INIT（初始化）数据：模型采用平衡法初始化，毛管力计算油水界面过渡带。本区分为 2 个平衡分区，油水界面 4 层（K1～K8）和 5 层（K10～K15），K9 为 4 层与 5 层间的大隔层（图 1-5-103）。

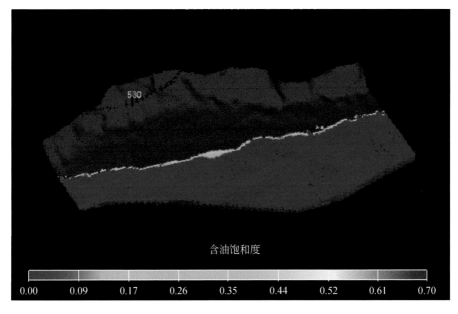

含油饱和度

| 0.00 | 0.09 | 0.17 | 0.26 | 0.35 | 0.44 | 0.52 | 0.61 | 0.70 |

图 1-5-103　530 井区数模初始含油饱和度场

（4）SCH（生产）数据：利用 Eclipse 的前处理模块 Schedule 模块处理生产数据。2016 年 11 月之后老井封堵 5 层，单开 4 层。

（5）历史拟合：采用定液量拟合油量的方式。整体上先区域拟合，后单井拟合。

## 七、岩石物理建模与地震正演

### （一）岩石物理建模

地震岩石物理（seismic rock physics）是研究岩石物理性质与地震响应之间关系的一门学科，它通过对各种岩心资料、测井资料和地震资料进行综合分析，研究岩石岩性、孔隙度、孔隙类型、孔隙流体、流体饱和度和频率等对岩石中弹性性质，如纵波（P 波）和横波（S 波）速度及衰减的影响，并提出利用地震响应预测岩石物理性质的理论和方法。地震岩石物理是地震响应与储层岩石参数之间联系的桥梁，是进行定量储层预测的基本前提，同时也是地震约束油藏数值模拟的桥梁。表征岩石物理学特征的地震参数主要有岩石的弹性模量、密度、纵波速度、横波速度等，它们是识别岩性及油气的重要参数，也是进行定量地震油藏描述的桥梁。岩石物理分析的首要任务是识别储层敏感参数，用叠前地震数据进行储层反演时，识别哪些参数反映岩性、储层信息较为敏感。本章主要建立地震与油藏之间的桥梁，通过油藏的静态参数，如渗透率、孔隙度、岩相等，结合流体分布和其他动态参数，确定其对应的地震物理响应。

**1. 岩石物理理论模型**

很多的岩石地球物理学家都在研究地震岩石物理理论模型，总体上可以分成三类：由矿物性质进行体积平均并推测岩石性质的空间平均模型、集中讨论岩石内部球形孔隙对岩石性质影响的球形孔隙模型和讨论椭球形裂纹及对岩石性质影响的包裹体模型。其中典型的物理模型如下（葛瑞·马沃可等，2008）。

1）Voigt 与 Reuss 理论

要预测岩石与孔隙组成的混合物的有效弹性模量，必须已知各种组分的体积含量、弹性模量和它们的空间几何分布。如果缺乏空间几何分布信息，则只能预测有效弹性模量的上限和下限。

Voigt 模型的假设条件是各种组成成分为各向同性、线性、弹性的。在该模型中各种组成成分所受的应变相同，也称为等应变模型。

Reuss 理论的假设条件与 Voigt 模型一样，但该模型中各组分所受的应力相同，也称为等应力模型。

2）Gassmann 理论

1951 年，Gassmann 提出了孔隙岩层充满流体的弹性模量公式，奠定了近代沉积弹性理论与物性之间研究的基础。他指出，当岩石是封闭系统、近似于各向同性、均匀条件、孔隙的形状是球形的、所有孔隙都充满流体而且流体是紧附在孔壁上的，地震波通过时流体与骨架之间的相对运动可以忽略。

3）Biot-Geertsma 理论

Biot（1956a，b）研究了各向同性的多孔岩石中，固体与饱和流体之间变形关系的理论。Biot 在用与 Gassmann 理论相同的参数来描述固体和流体的同时，还增加了流体黏滞系数和渗透率两个参数。Biot 认为孔隙流体可以相对于固体流动，并引起黏滞摩擦损耗。根据 Biot 理论，在无限介质中传播的平面波，将出现两类膨胀波（纵波）和一类旋转波（横波）。两类纵波中，快纵波与地震勘探中的纵波相同；慢纵波是一种扩散波，主要出现在各种介质的分界面附近（包括不同流体饱和固体之间的分界面以及流体和流体饱和多孔介质之间的任何分界面），衰减非常明显。

4）Kuster-Toksoz 理论

Kuster-Toksoz 理论是一种低孔隙度模型，它能够方便地改变岩石中裂隙的大小、形状及分布（Kuster and Toksoz，1974a，b）。

5）White 方程

White（1983）引入平面波模量方程。合成地震响应的关键是岩石物理模型。岩石物理模型将静态和动态的数据转换为弹性和声学参数。

**2. GeoEast-RE 平台提供的岩石物理模型**

基于以上理论进行分析、归类，油藏–地球物理综合平台 GeoEast-RE 提供了以下几种岩石物理模型。

（1）Empirical 模型：考虑压力效应的 Gassmann 模型，流体组分采用 Baztle-Wang 方

程进行模拟。

（2）Iterative 模型：只考虑流体影响，忽略 $K_d$（岩石骨架的体积模量）的 Gassmann 模型。

（3）KD 模型：考虑流体影响，但计算 $K_d$ 的 Gassmann 模型。

（4）Script 模型：自定义模型。

（5）Velocith 模型：Wyllie 模型。

**3. 目标区选用的岩石物理模型**

针对八区的实际资料情况，孔隙度是非渐变的，泥岩的孔隙数值均设为了零值，同样含水饱和度仅解释了砂砾岩段。研究过程中选用了 Empirical 模型中的 Gassmann 模型和 Script 模型两种模型进行标定。

Gassmann 模型的基本假设是：

（1）岩石（基质和骨架）宏观上是均匀、各向同性、完全弹性的；

（2）所有孔隙都是连通的；

（3）孔隙内部充满无摩擦的流体（液体、气体或混合物）；

（4）岩石 – 流体是封闭系统（不排液）；

（5）当岩石被地震波激励时，流体和骨架之间没有相对运动；

（6）孔隙流体对固体骨架无软化或硬化作用。

Gassmann 模型合成地震信息过程如下：

岩石体积弹性模量的计算：

$$K=K_d+\frac{(1-\dfrac{K_d}{K_m})^2}{\dfrac{\varphi}{K_f}+\dfrac{1-\varphi}{K_m}+\dfrac{K_d}{K_m^2}} \tag{1-5-2}$$

式中，$K_m$ 为岩石颗粒弹性模量；$K_d$ 为干岩石弹性模量；$\varphi$ 为孔隙度；$K_f$ 为流体弹性模量。$K_f$ 可由下式计算：

$$\frac{1}{K_f}=\frac{S_w}{K_w}+\frac{S_o}{K_o}+\frac{1-S_w-S_o}{K_g} \tag{1-5-3}$$

式中，$K_w$、$K_o$、$K_g$ 分别为水、油、气的弹性模量；$S_w$、$S_o$、$S_g$ 分别为水、油、气的饱和度。

声波在岩石中速度的计算：

$$V_P=\sqrt{\frac{K+(4/3)\mu}{\rho}}$$

式中，$\mu$ 为岩石剪切模量；$\rho$ 为岩石密度；$V_P$ 为纵波速度；$K$ 为弹性模量。

岩石密度与饱和度有线性关系：

$$\rho=\varphi S_w\rho_w+\varphi S_o\rho_o+\varphi(1-S_w-S_o)\rho_w+(1-\varphi)\rho_{ma} \tag{1-5-4}$$

式中，$\rho_w$、$\rho_o$、$\rho_g$ 分别为水、油、气密度；$\rho_{ma}$ 为岩石骨架密度。

于是，声阻抗 AI=$\rho V_P$。

为了取得合理的 $V_P$，需要在物性参数条件下求取干岩石骨架弹性模量（$K_d$）。$K_d$ 在测井声波速度下一般表示为

$$K_d = \frac{K(\frac{\varphi K_m}{K_f} + 1-\varphi)-K_m}{\frac{\varphi K_m}{K_m} + \frac{K}{K_m} - 1-\varphi}$$（1-5-5）

式中，$K$ 为已知 $V_P$ 及 $V_P/V_S$ 关系下计算获得的弹性模量。

$V_P$ 和水压力的关系为

$$V_P = V_{P40}\left(1.0-0.38 \times e^{\frac{-P_{eff}}{12}}\right)$$（1-5-6）

式中，$V_{P40}$ 为 40MPa 下有效压力时的速度；$P_{eff}$ 为有效压力，$P_{eff}$ ＝围压－孔隙压力。

地震为低频，在较高压力条件下，对于孔渗条件较好、流体黏度较低的砂岩，更接近 Gassmann 假设，故本次研究将 Gassmann 方程用于砂砾岩段；泥岩段用自定义模型编写美国休斯敦大学韩德华教授的经验公式来计算纵横波速度（乔文孝和杜光开，1995）。岩石物理模型标定的流程见图 1-5-104。

结合实验室测试数据及测井数据，选取岩石物理模型标定的样本点（表 1-5-11），通过调整岩石物理参数，使曲线与样本点尽可能相符。标定砂砾岩时，若观察孔隙度和纵横波速度的关系，则其他参数，如压力、净毛比（净砂岩厚度与毛砂岩厚度比值）、含水饱和度等尽可能固定。根据孔隙度和纵波速度、纵波阻抗以及密度的关系确定了最终的砂砾岩岩石物理参数（图 1-5-105、图 1-5-106）。

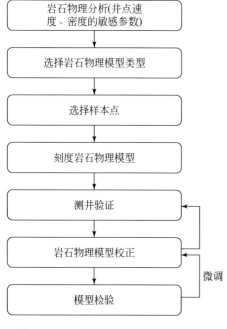

图 1-5-104　岩石物理模型标定流程图

表 1-5-11　砂砾岩岩石物理模型（Gassmann 模型）标定样本点

| MD/m | NTG/% | $S_w$/% | POR/% | AC/（μs/m） | Den/（g/cm³） | $V_P$/（m/s） | AI/[（g/cm³）×（m/s）] |
|---|---|---|---|---|---|---|---|
| 1586 | 0.953946 | 0.517074 | 0.104807 | 231.542 | 2.472 | 4318.87 | 10676.2 |
| 1616.88 | 0.936897 | 0.469048 | 0.186575 | 269.587 | 2.362 | 3709.38 | 8761.56 |
| 1623.88 | 0.922424 | 0.484151 | 0.161613 | 264.705 | 2.409 | 3777.79 | 9100.71 |
| 1627.25 | 0.961417 | 0.472622 | 0.12991 | 240.495 | 2.3997 | 4158.09 | 9978.17 |
| 1635.5 | 0.975629 | 0.469733 | 0.095779 | 231.132 | 2.498 | 4326.53 | 10807.7 |

| MD/m | NTG/% | $S_w$/% | POR/% | AC/（μs/m） | Den/（g/cm³） | $V_P$/（m/s） | AI/[（g/cm³）×（m/s）] |
|---|---|---|---|---|---|---|---|
| 1667.88 | 0.962923 | 0.483548 | 0.117654 | 236.703 | 2.435 | 4224.71 | 10287.2 |
| 1689.63 | 0.975629 | 0.446841 | 0.080849 | 227.484 | 2.541 | 4395.92 | 11170 |
| 1695.25 | 0.975629 | 0.469778 | 0.107029 | 232.296 | 2.4656 | 4304.86 | 10614.1 |
| 1699.38 | 0.960758 | 0.506335 | 0.103071 | 235.682 | 2.477 | 4243 | 10509.9 |
| 1649.5 | 0.933561 | 0.482163 | 0.133323 | 246.995 | 2.458 | 4048.67 | 9951.63 |
| 1684.75 | 0.869144 | 0.522606 | 0.146081 | 253.074 | 2.435 | 3951.41 | 9621.69 |
| 1689.63 | 0.901758 | 0.491346 | 0.202107 | 273.196 | 2.334 | 3660.38 | 8543.33 |

注：MD= 深度；NTG= 净毛比；$S_w$= 含水饱和度；POR= 孔隙度；AC= 声波时差；Den= 密度；$V_P$= 纵波速度；AI= 声阻抗。

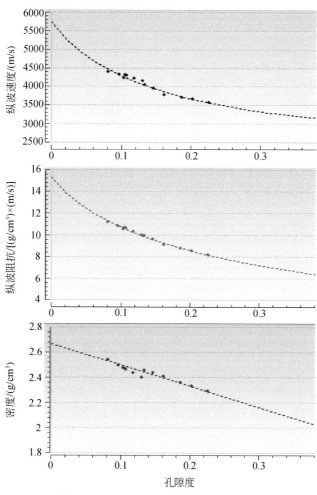

图 1-5-105　砂砾岩岩石物理模型标定模板

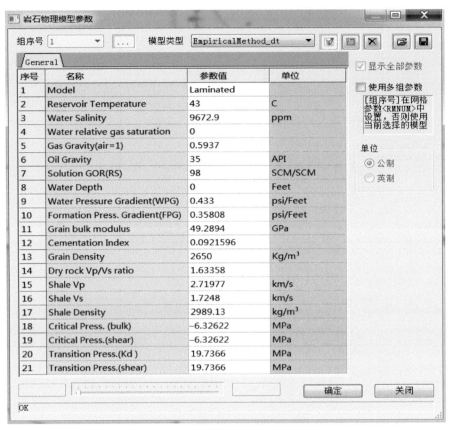

图 1-5-106　砂砾岩岩石物理模型参数

分岩性建立的岩石物理模型，砂砾岩用 Gassmann 模型进行标定，泥岩为非储层，用韩德华经验公式进行标定。

韩德华经验公式为纵波速度 $V_P$ 与孔隙度 $\varphi$、泥质含量 $N$、有效压力 $P_e$ 有如下关系（$A$、$B$、$C$、$D$ 为系数）：

$$V_P = A + B\varphi + C\sqrt{N} + D(P_e - e^{EP_e})$$

由于标定韩德华公式的数据点以泥岩、泥质粉砂岩为主，测井解释的孔隙度数据均为零，故考虑泥质含量与纵波速度的关系，选择的样本点见表 1-5-12，将其他参数固定，查看净毛比和纵波、横波速度的关系，调整岩石物理模型的参数，直至岩石物理模型的曲线与样本点吻合（图 1-5-107，图 1-5-108）。

表 1-5-12　七东 1 区泥岩岩石物理模型（韩德华公式）标定样本点

| MD/m | NTG/% | $S_w$/% | POR/% | AC/（μs/m） | Den/（g/cm³） | $V_P$/（m/s） | AI/[（g/cm³）×（m/s）] |
|---|---|---|---|---|---|---|---|
| 1619.38 | 0.234834 | 1 | 0 | 288.776 | 2.575 | 3462.89 | 8916.94 |
| 1620.13 | 0.198298 | 1 | 0 | 291.46 | 2.538 | 3431 | 8707.89 |
| 1621.13 | 0.106126 | 1 | 0 | 303.825 | 2.59 | 3291.36 | 8524.63 |

续表

| MD/m | NTG/% | $S_w$/% | POR/% | AC/（μs/m） | Den/（g/cm³） | $V_p$/（m/s） | AI/[（g/cm³）×（m/s）] |
|---|---|---|---|---|---|---|---|
| 1621 | 0.111379 | 1 | 0 | 302.841 | 2.578 | 3302.06 | 8512.71 |
| 1648.13 | 0.027431 | 1 | 0 | 313.015 | 2.515 | 3194.73 | 8034.76 |
| 1611 | 0.091096 | 1 | 0 | 303.524 | 2.562 | 3294.64 | 8440.86 |
| 1622 | 0.13996 | 1 | 0 | 301.9 | 2.583 | 3312.36 | 8555.82 |
| 1621.5 | 0.116001 | 1 | 0 | 303.652 | 2.586 | 3293.25 | 8516.34 |
| 1620.75 | 0.132921 | 1 | 0 | 299.741 | 2.553 | 3336.22 | 8517.36 |
| 1621.63 | 0.124907 | 1 | 0 | 302.907 | 2.593 | 3301.35 | 8560.39 |
| 1621.75 | 0.133946 | 1 | 0 | 302.224 | 2.601 | 3308.8 | 8606.19 |
| 1643.63 | 0.120765 | 1 | 0 | 299.324 | 2.508 | 3340.86 | 8378.88 |
| 1608 | 0.164734 | 1 | 0 | 294.304 | 2.512 | 3397.84 | 8535.38 |
| 1611.5 | 0.053934 | 1 | 0 | 308.337 | 2.528 | 3243.21 | 8198.83 |
| 1644.88 | 0.050658 | 1 | 0 | 313.409 | 2.535 | 3190.72 | 8088.48 |

图 1-5-107　泥岩岩石物理模型参数

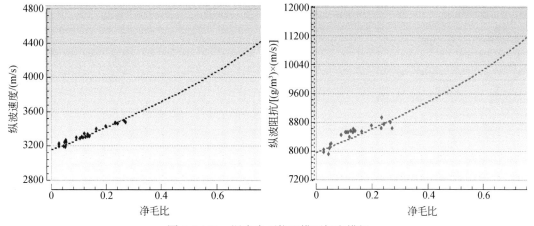

图 1-5-108　泥岩岩石物理模型标定模板

　　分岩性（砂砾岩和泥岩）建立的两个岩石物理模型标定好后，要进行验证，一是通过钻遇井的测井数据，如孔隙度、饱和度、泥质含量等来正演出纵波、横波速度与实测的声波时差数据计算的纵波、横波进行对比；二是通过油藏模型进行剖面验证。进一步检验岩石物理模型，必要时进行模型参数的调整。

　　图 1-5-109、图 1-5-110 和图 1-5-111 中 $V_P$ 是根据实测的声波时差 DT 计算的纵波速度数据，$V_{P-砂砾岩}$ 是用砂砾岩岩石物理模型合成的纵波速度；$V_{P-泥岩}$ 是用泥岩岩石物理模型合成的纵波速度；$V_{P-RE}$ 为最终岩石物理模型合成的纵波速度数据。根据四口取心井验证合成的纵波速度数据，其余井直接用声波时差 DT 计算的速度代替纵波速度与岩石物理模型合成的纵波进行验证，除四口取心井外，其余井无横波数据。经过不断地调整岩石物理模型参数，全区测井验证，查看合成的速度与实际速度进行对比，可看出合成与实际的纵波速度较接近。

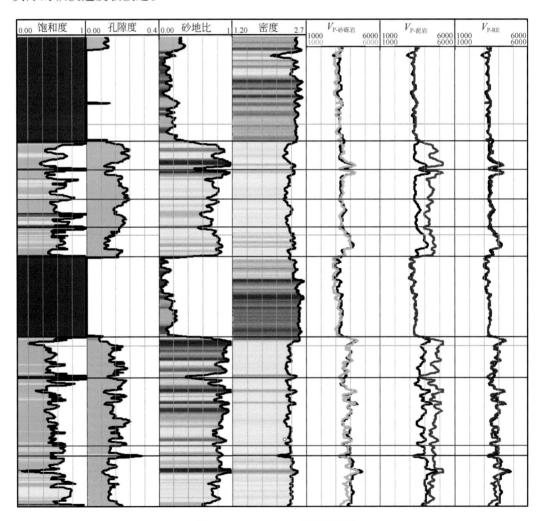

图 1-5-109　T88017 井测井验证

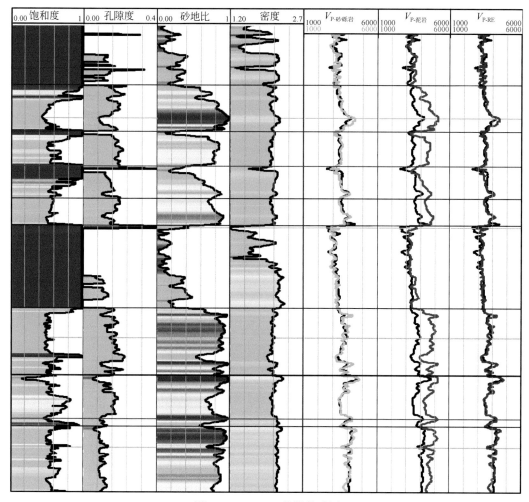

图 1-5-110　J591 井测井验证

　　由于油藏模型的纵向网格与实际测井的纵向分辨率不同，测井验证合成速度与实际速度相符后，还要进行油藏模型的剖面检验。图 1-5-112 为过井速度、密度和波阻抗的剖面图，从中看到剖面中速度、波阻抗较均匀变化。反复进行岩石物理刻度、测井验证、模型剖面验证等来检验、校正岩石物理模型参数，使得岩石物理模型能够很好地将地震与油藏之间建立关系。

　　岩石物理模型为储层参数和弹性参数之间搭建了桥梁。孔隙度、渗透率、流体类型等储层参数通过岩石物理模型可以正演出振幅信息；地震资料提供的地震波旅行时和振幅信息等通过反演得到弹性参数。岩石物理模型使得油藏与地震建立了联系。

（二）地震正演特征分析

　　地震正演将油藏模型（运算完的油藏模型，具有静态、动态参数）和地震响应有机地联系起来，使地震反射特征既具有地球物理意义，又具有明确的地质意义。

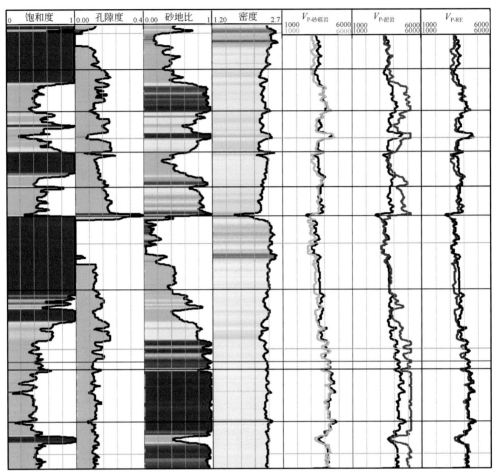

图 1-5-111　T88788 测井验证

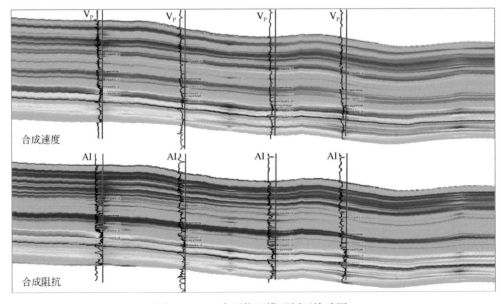

图 1-5-112　岩石物理模型剖面检验图

　　对已标定完成的岩石物理模型，我们就可以利用数学算法来进行合成地震响应（流程图见图 1-5-113），通过地震正演合成地震记录并与原始地震记录对比，我们可以分析油藏模型的静态场，以便能够进一步更新油藏模型。其步骤如下所示。

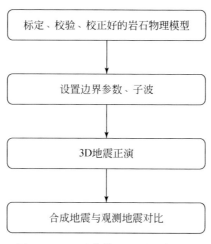

图 1-5-113　油藏模型地震正演流程

　　（1）利用标定后的岩石物理模型所计算出的纵波速度、横波速度，将模型中的弹性参数由深度域转为时间域。

　　（2）平面波从上层界面入射到分界面时界面的反射系数 $R$ 为

$$R=\frac{\alpha_2\rho_2-\alpha_1\rho_1}{\alpha_2\rho_2+\alpha_1\rho_1}$$

式中，$\rho_1$ 为分界面上层的密度；$\alpha_1$ 为分界面上层的纵波速度；$\rho_2$ 为分界面下层的密度；$\alpha_2$ 为分界面下层的纵波速度。

　　当纵波非垂直入射时反射系数公式由佐普里兹方程组可表示为

$$\begin{bmatrix} \sin\theta_1 & \cos\phi_1 & -\sin\theta_2 & \cos\phi_2 \\ -\cos\theta_1 & \sin\phi_1 & -\cos\theta_2 & -\sin\phi_2 \\ \sin2\theta_1 & \dfrac{\alpha_1}{\beta_1}\cos2\phi_1 & \dfrac{\rho_2\beta_2^2\alpha_1}{\rho_1\beta_1^2\alpha_2}\sin\theta_2 & \dfrac{\rho_2\beta_2\alpha_1}{\rho_1\beta_1^2}\cos\phi_2 \\ \cos2\phi_1 & -\dfrac{\beta_1}{\alpha_1}\sin2\phi_1 & -\dfrac{\rho_2\alpha_2}{\rho_1\alpha_1}\cos2\phi_2 & -\dfrac{\rho_2\beta_2}{\beta_1\alpha_1}\sin2\phi_2 \end{bmatrix}\begin{bmatrix} R_{pp} \\ R_{ps} \\ R_{pp} \\ R_{ps} \end{bmatrix}=\begin{bmatrix} -\sin\theta_1 \\ -\cos\theta_1 \\ \sin2\theta_1 \\ -\cos2\phi_1 \end{bmatrix}$$

式中，$R_{pp}$ 为纵波反射系数；$\alpha_1$、$\alpha_2$、$\beta_1$、$\beta_2$、$\rho_1$、$\rho_2$ 分别为分界面上层纵波速度、下层纵波速度、上层横波速度、下层横波速度、上层密度和下层密度；$\theta_1$、$\phi_1$、$\theta_2$、$\phi_2$ 分别为纵波入射角、横波反射角、纵波透射角、横波透射角。

　　（3）合成地震记录。合成地震记录 $X(t)$ 是由地震子波 $S(t)$ 与反射系数序列 $R(t)$ 的褶积。即

$$X(t)=S(t) \times R(t)=\int_0^T S(\tau)R(t-\tau)\mathrm{d}\tau$$

式中，$t$ 为时间变量；$T$ 为子波长度；$\tau$ 为积分变量。

由此就可求出合成地震记录。

（4）边界参数和子波设置。油藏模型的范围是从油藏顶部开始，到油藏底部终止，而对于地震响应，这一区域是不够的。从油藏顶部开始模拟地震响应，必须指定油藏顶部以上和底部以下的边界条件。目前，GeoEast-RE 假设顶部和底部边界层是均匀的，具有确定的厚度和声学特征。

边界参数是指模型所代表的油藏区域上下相邻的地层参数，包括地层密度、速度以及深度上的偏移量。上下偏移量以深度单位来定义厚度。本次研究边界参数设置见图 1-5-114。另外，模型中可以定义无效网格，即油藏模拟的死网格和非储层的性质。

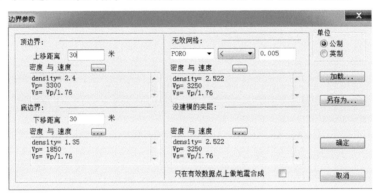

图 1-5-114　边界参数设置

子波是用来合成地震记录的另外一个重要参数。定义子波的主要参数包括类型、采样间隔、长度、主频率及子波的相位。本次子波参数采用与前面章节井震标定时相同的参数，主频为 35Hz，相位用零相位。

（5）合成地震与观测地震分析。GeoEast-RE 软件加载运算完的油藏模型后，在 2D 平面图可一层一层查看模型属性的平面分布，生成数模模型剖面后可查看纵向属性分布特征，根据标定好的岩石物理模型合成地震记录（图 1-5-115）。

合成地震和观测地震进行对比时，需要将地震层位与油藏层面进行绑定。油藏模型的顶界面可以与储层所在地层的顶界进行绑定。本项目中地震解释层位 B4_Top 为目的组的顶，对应油藏模型的第 1 小层，地震解释层位 B52_Top 为目的层组的底，对应油藏模型的底。层位绑定后油藏模型的合成地震数据与观测地震可以在同一剖面显示（图 1-5-116，图 1-5-117）。

## 八、模型评价与更新

油藏数值模拟是通过建立数学模型来研究油藏的物理性质及流体的流动规律的一门科学。其基本原理立足于油层物理、渗流力学、数理方法及计算方法，以工程软件的形式出

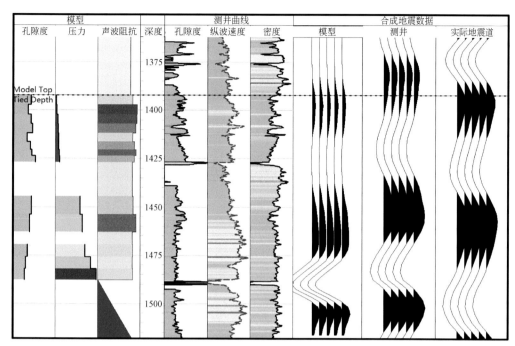

图 1-5-115　井点处油藏模型合成（左）、测井（中）合成与实际地震（右）对比

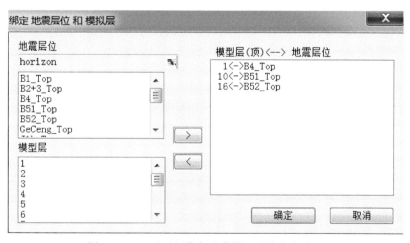

图 1-5-116　地震层位与油藏模型层位绑定关系

现，是定量描述剩余油在储层中的分布并实现可视化的一项成熟技术。它在油藏建模的基础上，通过生产历史拟合，再现从投产到当前的全部生产过程，从而可得到油藏目前剩余油饱和度的分布状况，并根据剩余油分布及生产情况进行开发方案的调整，进一步预测在不同调整方案下的油气生产情况，优选出最佳开采方案。

油藏数值模拟初步计算出结果后，首先根据全区历史拟合结果调节油水界面、相渗曲线等参数，核实生产动态数据，确认这些参数后再次运算数模。然后运用数模运算结果，通过岩石物理模型对具有静态、动态数据的油藏模型进行正演，正演时用地震采集的静、动态场油藏模型，得到合成地震记录，并与观测地震进行对比。虽然孔隙度会随地下流体

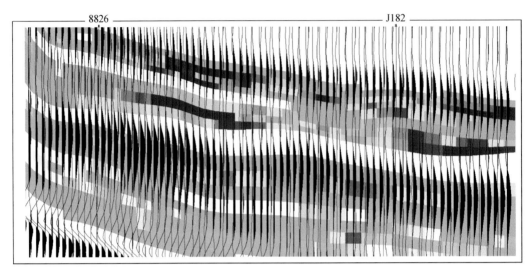

图 1-5-117　绑定后合成地震和观测地震的叠加显示图

的置换有所改变，泥质含量（岩性）会随水驱有所变化，但变化微弱，数值模拟过程中认为孔隙度场和净毛比场是不变的。合成地震与观测地震的差异被认为是静态地质模型与实际地下情况不符造成的。通过修改差异较大的区域，对应到工区平面位置和纵向小层网格数，结合前期地质认识、反演数据体等成果分析差异原因，修正静态场的净毛比场和孔隙度场。修改后再次生成合成地震数据并与观测地震对比，多次循环直至差异在合理范围内。认为此时静态场较接近地下实际油藏情况。这个过程中修改部分属性后要送入数模运算，运用较新的运算结果再次合成地震数据后对比和观测地震的差异。接着筛选历史拟合差异大的井或井组，分析这些井或井组所在的平面位置及井间油水运移情况，通过更新渗透率场后再次送入数模运算，直至井组及单井历史拟合符合要求为止，此时的油藏模型认为和地下实际情况最为接近。其宗旨是认为合成地震和观测地震的差异是静态模型与实际油藏情况不符所致，而静态场（孔隙度的分布，砂体接触关系）会直接影响饱和度的分布，在合理的静态场基础上，通过更新渗透率来拟合井点和井组的压力、储量及含水情况，进而得到合理的饱和度分布情况（杨耀忠等，2003）。

（一）地震约束修改

油藏数值模拟初步计算出结果后，计算模型的正演合成地震与观测地震间的差异，见图 1-5-118。图中 8918 井周围差异较大，以 8918 井为例，详述地震约束油藏数值模拟历史拟合过程中的模型更新情况。

从 8918 井生产动态拟合曲线图（图 1-5-119）可以看出，8918 井实际观测数据见水较晚，而数值模拟计算的数据见水较早，数值模拟计算的水前缘较早到达 8918 井底，但后期产水量不足，需要提高 8918 井的产水量，同时保持足够的生产压力。由地震差异和历史拟合来看，8918 井均较差，更新模型时首先应更新井周围岩性和物性，再考虑更新渗透率场。

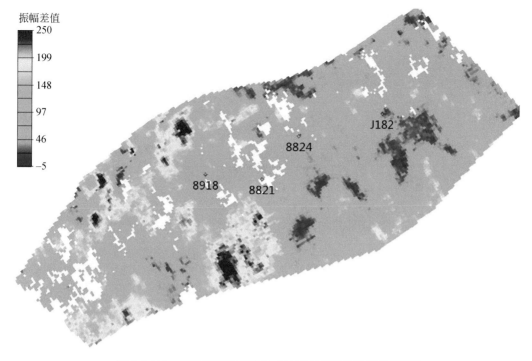

图 1-5-118　初始模型的正演合成地震与观测地震间的振幅差

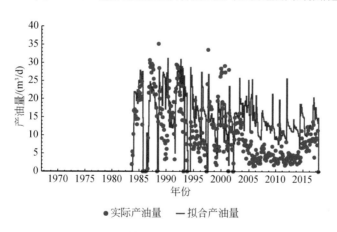

图 1-5-119　修改前 8918 井生产动态拟合曲线图

图 1-5-120 为模型合成地震（黑色）与观测地震（棕色）叠加剖面图，从中可以看出，8918 井两侧的同相轴，合成地震与观测地震记录吻合较差，由此可知此处的油藏静态属性与实际情况有一定的差别。

调整 8918 井附近目的层，将上下随机插值出来的薄层砂体修改为泥岩，相应地，对 NTG 和 POR 进行赋值，修改后合成地震与观测地震对比见图 1-5-121。修改后合成地震的传播速度变快，传播时间变小，合成地震的轴向上漂移，与观测地震对应得较好，说明修改有效，应保留修改值。修改后平面属性分布见图 1-5-122。在 NTG 和 POR 合理的情况下，

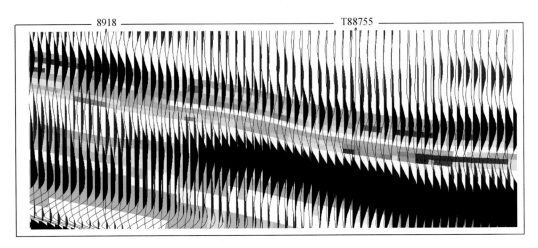

图 1-5-120　初始模型的正演合成地震（黑色）与观测地震（棕色）间的差异

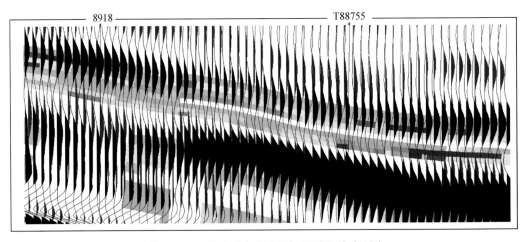

图 1-5-121　修改后合成地震与观测地震对比图

再次对渗透率值进行相应的修改，图 1-5-123 为修改后 8918 井生产动态拟合曲线对比图，历史拟合程度较修改前有所提高。表明了地震约束油藏数值模拟历史拟合的有效性。

（二）地震拟合误差分析

通过对油藏数值模拟模型的净毛比、孔隙度等参数的调整和模拟运算，地震数据和动态数据都得到了一定的拟合。分别在油藏模型修改前后合成一次地震数据，图 1-5-124 为修改前、后合成地震与观测地震振幅差平面分布图。从图中可以清楚地看到，修改后误差值降低（红色区域更少），即更新油藏模型后，油藏模型合成地震与观测地震的差异明显降低，相关系数数据统计见图 1-5-125。

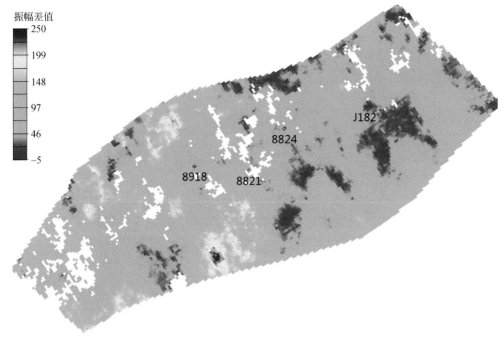

图 1-5-122　修改后模型的正演合成地震与观测地震间的振幅差

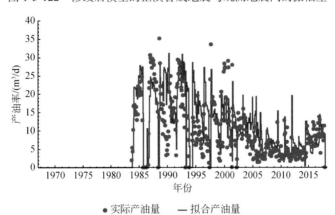

●实际产油量　——拟合产油量

图 1-5-123　修改后 8918 井生产动态拟合曲线对比图

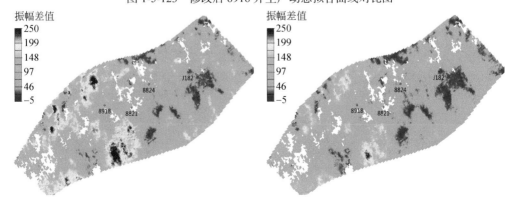

图 1-5-124　修改前（左）和修改后（右）振幅差平面图

| 序号 | 数据名 | 最小值 | 最大值 | 平均值 | 合计 | 有效点数 | 序号 | 数据名 | 最小值 | 最大值 | 平均值 | 合计 | 有效点数 |
|------|--------|--------|--------|--------|------|----------|------|--------|--------|--------|--------|------|----------|
| 1 | 修改前 | 0 | 1.00 | 0.752 | 8962.74 | 22300 | 1 | 修改后 | 0 | 1.00 | 0.807 | 9101.42 | 22300 |

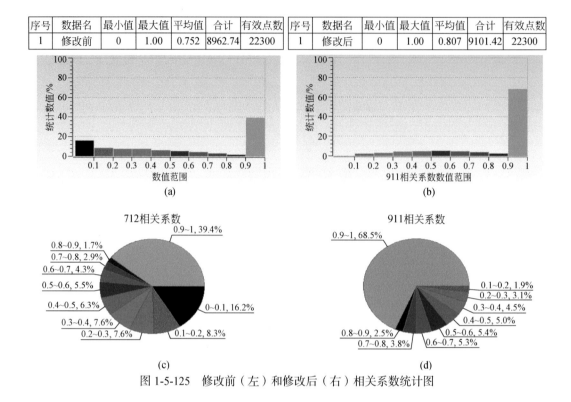

图 1-5-125　修改前（左）和修改后（右）相关系数统计图

从图 1-5-125 可见，修改前相关系数较低的占一些，部分相关系数极低，0.9～1 的数据点占 39.4%，近 40%。修改后相关系数极低的减少，0.9～1 的数据点占 68.5%，相关系数提高足够多，达到要求。

（三）产量拟合误差分析

530 试验区油藏数值模拟模型采用定液量拟合产油量，产液量直接影响拟合结果的质量。油藏产液量是油藏产油量和产水量之和，是流体场生产、注入流动后油藏内液体重新分布的结果。利用修改局部渗透率和有效厚度来拟合实测的产液量，其中地震差异用来指导修改参数所在的区域和大小。地震差异约束油藏模型产液量全区拟合情况如图 1-5-126 所示，计算产液量（曲线）与实测产液量基本一致，拟合质量非常好。

单井产液量拟合误差空间分布如图 1-5-127 所示，单井基本全部拟合，超过了国家标准规定 2/3 的井拟合的标准。

（四）产油拟合误差分析

产油拟合是拟合过程中较为重要的一步，它的拟合情况好坏直接关系到油藏饱和度场分布准确与否，进而影响到剩余油分布的准确度。产油拟合主要通过修改相渗曲线、修改局部渗透率等来实现。

由地震差异约束历史拟合后的模型计算得到的全区产油拟合见图 1-5-128。从全区产

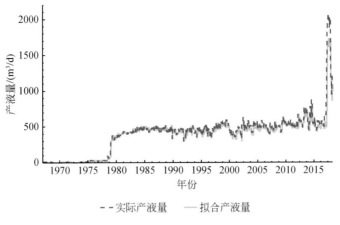

图 1-5-126　全区产液量拟合曲线图

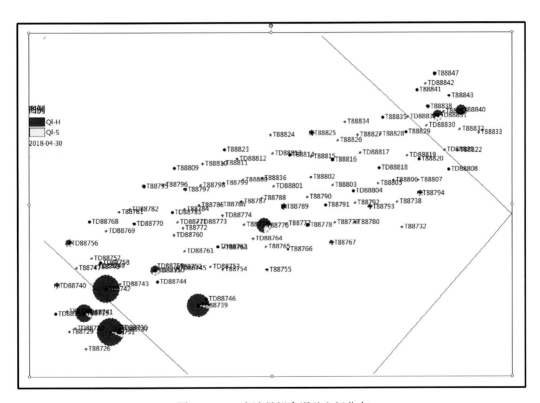

图 1-5-127　产液量拟合误差空间分布

油拟合图来看，模型主要在 1982 年后期计算产油量比实测值偏低。分析认为由于开采历史较长，在生产过程中，各油水井经历了众多的措施，包括补孔、封堵改层、压裂、酸化改造、配产、配水调整，这些措施无疑都影响到各层的产量组成，进而影响到数值模拟历史拟合的质量。

单井产油拟合误差空间分布如图 1-5-129 所示。全油田实现了较好的拟合，单井的拟合率也达到了 80% 以上，超过了国家标准规定 2/3 的井拟合的标准。

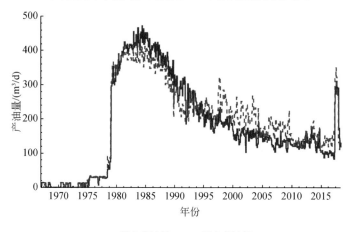

图 1-5-128　全区产油量拟合曲线图

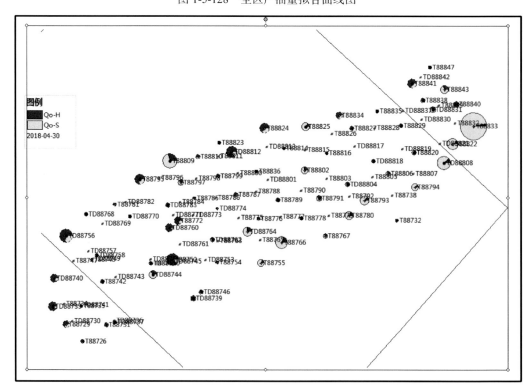

图 1-5-129　产油量拟合误差空间分布

## 九、剩余油分布及潜力区分析

地震约束油藏模型历史拟合后，油藏模型在各主要小层的含油饱和度、含水饱和度和压力的变化与初始油藏模型都有了一定的差异。当前的油藏模型是在动态历史数据和地震数据双重约束下进行历史拟合后得到的，进而认为当前得到的油藏动态变化是比较客观的油藏实际动态反应。

（一）模型检查

提取数模单井含油饱和度与新井含油饱和度测井曲线，对比两者关联性。如图 1-5-130 所示的单井柱状方块为模拟 2017 年的含油饱和度，曲线为 2017 年新井测的含油饱和度曲线，以 T88829 井、T88772 井、T88766 井为例，发现两者具有较好的吻合度，说明模型可信度高。

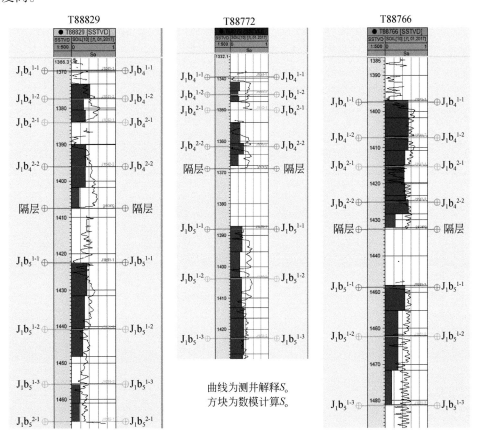

图 1-5-130　单井数模与测井曲线的含油饱和度对比

（二）剩余油纵向分布特征

为了明确目前油藏中的剩余油在各小层的分布状况，我们绘制了小层剩余地质储量分布柱状图（图 1-5-131）。从图中可以看出，本区域小层剩余油分布呈现两种特征，一是主力层 $J_1b_5^{1-1}$ 采出程度高，剩余地质储量也高的情况；另一种则表现为非主力层 $J_1b_5^{1-2}$、$J_1b_5^{1-3}$ 采出程度低，剩余地质储量低。

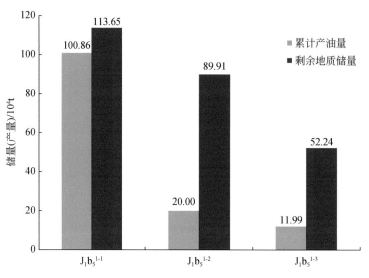

图 1-5-131　小层剩余地质储量分布柱状图

（三）剩余油平面分布情况

通过以上研究，获得油藏纵向上各小层的剩余油分布情况（图 1-5-132 ～图 1-5-134），为下一步工作提供依据。

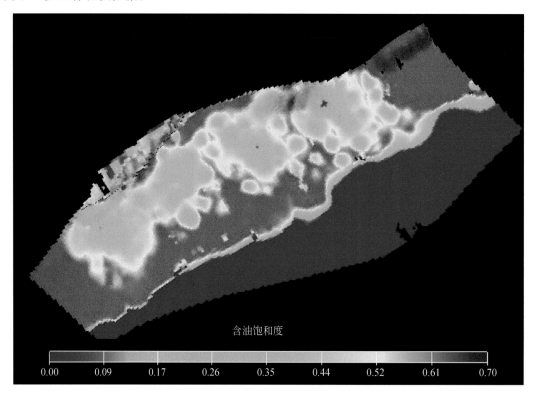

图 1-5-132　530 油藏 $J_1b_5^{1-1}$ 剩余油饱和度图

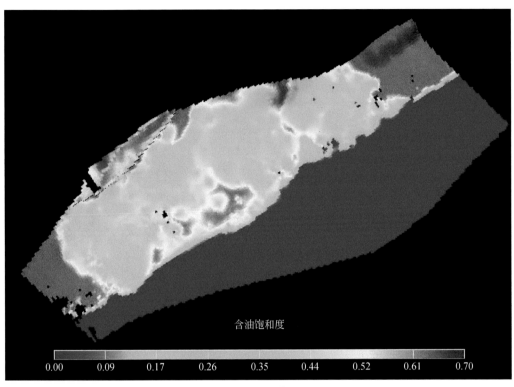

含油饱和度

0.00　　0.09　　0.17　　0.26　　0.35　　0.44　　0.52　　0.61　　0.70

图 1-5-133　530 油藏 $J_1b_5^{1-2}$ 剩余油饱和度图

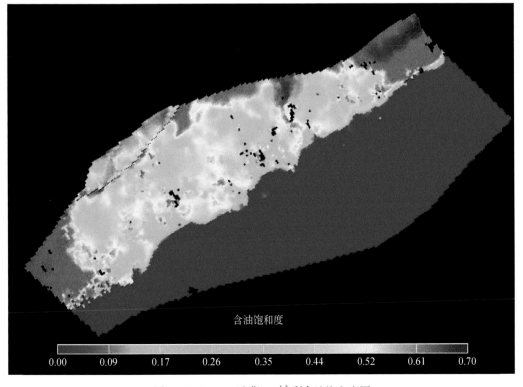

含油饱和度

0.00　　0.09　　0.17　　0.26　　0.35　　0.44　　0.52　　0.61　　0.70

图 1-5-134　530 油藏 $J_1b_5^{1-3}$ 剩余油饱和度图

在数模研究剩余油的基础上，结合前期的地质分析、动态分析，分析认为530井区剩余油仍以构造控制为主，构造较高、剩余油丰度大且振幅强的区域为有利区（图1-5-135）。

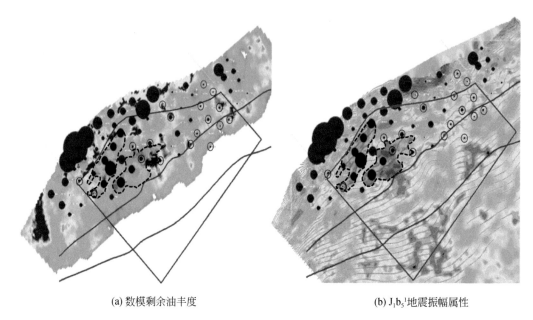

(a) 数模剩余油丰度 　　　　　　　　　　　(b) $J_1b_5^1$ 地震振幅属性

— 内、外含油边界线　＼ 不受断层影响的范围　〇针对砾岩段射孔的井　〇 水窜井

图1-5-135　530井区油藏剩余油分布有利区

## 十、小结

针对530井区八道湾组油藏的STS油藏表征技术研究是利用地震信息指导油藏开发的探索。通过构造精细解释核实了该区构造特征，融合多种储层预测技术对井间砂体连通性进行了精细刻画，并通过岩石物理模型，搭建起了地震与油藏之间的桥梁，开展模型正演并利用地震资料来约束油藏数值模拟，分析剩余油潜力区。本次研究取得了以下主要认识。

（1）本次采集的"两宽一高"地震资料的振幅属性与砂岩类型/厚度相关：心滩对应强能量的波峰；河道对应波谷/弱能量的波峰。地震相与沉积相有一定的匹配关系：强振幅（浅蓝色）对应心滩；弱振幅（红色）对应河道。

（2）通过单井隔夹层识别，结合储层反演，对全区的隔夹层分布进行了研究。通过对比发现，从泥质隔夹层的分布来看，$J_1b_4$ 沉积时期泥质隔夹层发育，平面上基本呈北西-南东方向的条带状沿河道发育展布，各条带之间厚度变化剧烈，平面上呈现一定的非均质性。$J_1b_5^{1-1}$ 沉积时期，泥质隔夹层在河道附近发育，而 $J_1b_5^{1-2}$ 和 $J_1b_5^{1-3}$ 沉积时期泥质隔夹层基本不发育。对于钙质隔夹层而言，$J_1b_4$ 沉积时期基本不发育，而 $J_1b_5^{1-2}$ 沉积时期钙质隔夹层非常发育，从平面展布上来看，钙质隔夹层基本也是呈条带状连片展布，说明沉积作用对钙质隔夹层的分布也有一定的控制作用。

（3）将井震联合地质分析及储层预测成果运用于地质模型建立过程中，提高了地质模型的准确性。本次构造模型对研究区的逆断层进行了较好刻画。地震约束后的模型更能反映地下实际情况：沉积区近物源，河道变化频繁，导致砂体垂向叠加、横向接触，构成了泛连通体，难以对单砂体进行刻画。从属性模型可以看出，孔隙度在平面上顺物源呈条带状分布，纵向上由 $J_1b_5$ 至 $J_1b_4$ 逐渐变好。

（4）$J_1b_5{}^1$ 强水淹比例大，新井开井含水率高。靠近断层区域处于构造高部位，有效厚度大，物性好，产油量高。新井投产投注日期相近，累产液量大的井连通性好，其中连通性受相带变化、岩性、物性、射孔有效厚度等的影响。

（5）岩石物理模型的建立实现了地震与油藏间的融合，集成了油藏动态、静态参数相互约束，更新了油藏模型。根据不同岩性的测井曲线特征，分岩性建立岩石物理模型模板，分别用油藏参数合成声学参数后再进行合并，降低了合成速度与实际速度的误差。

（6）利用地震约束更新油藏模型的静态场，可提高油藏模型的精度。通过综合利用测井、地震、油藏及其历史资料，让地震信息参与到油藏建模和数值模拟过程，避免了常规数值模拟仅通过调整油藏参数拟合生产数据的片面性，同时使井间模型的调整具有可控性，从而提高油藏模拟的精度，降低其多解性；同时在地震匹配过程中，模型计算到地震数据采集对应的时间点，考虑了因流体变化引起的地震信息差异。

（7）建立了油藏模型返回地震并更新模型的新流程，使得油藏模型更加逼近开发阶段的各类数据，更加符合地下实际油藏情况。

# 第二章　复杂断块含油砂体精细描述技术

复杂断块油藏作为原油储层重要的组成部分，在油气田开发中占有相当重要的地位。位于我国东部的渤海湾盆地包括华北平原北部、渤海海域和下辽河平原 3 个区域单元，面积约为 200000km²，具有丰富的油气资源，是我国东部主要的油气产区之一。因此，对复杂断块油气藏开展构造及储层描述的相关研究，具有重要的科学研究意义和实际应用价值。

近年来，科研生产人员开展了大量实际研究工作，取得了丰富的研究成果。基于多种方法的地震资料解释技术（李军等，2013），探索了复杂断裂描述的相关技术。复杂断块区构造应力场数值模拟研究（武刚，2016），通过应用构造应力场对低序级断层分布规律进行分析，结合地震解释成果，重组了复杂断裂系统，并据此预测了剩余油有利区，部署了调整井，取得了较好的生产效果。从储层预测的角度，充分利用地震属性和地震反演技术，探索了复杂断块油藏的储层预测技术（马军，2016）。采用井震协同约束分级建立断层模型，再通过线性变速度法对地震解释层位数据进行时深转换，保证了时间域和深度域的地层剥蚀线位置完全吻合，最后选取合适的地层叠置类型进行层面内插，保证了模型符合研究区构造特征（周连敏等，2018）。依靠地震反演数据结合井上岩性数据建立的岩相模型，其精度远高于波阻抗反演数据体，还能较好地刻画隔夹层的分布。

本书立足于大港油田港中复杂断块区开展研究，研究基于"两宽一高"三维地震资料、区内多口钻测井资料、开发生产动态资料，在对复杂断块区利用分级地震解释技术开展断裂及层位解释的基础上，充分结合井震一致性分析，利用开发动态资料验证微小断裂解释的可靠性，充分挖掘了地震资料的潜能，精确地描述了油藏构造特征，实现了动静结合的微小断裂解释。在此基础上，采用不同技术手段对不同级次的地层开展了预测研究，并对含油砂体的展布和油藏储量进行了复算，提出了"两区、三带、四类重点目标"的研究认识，为下一步油藏开发指明了方向，取得了非常好的复杂断块油藏描述效果。

## 第一节　研究思路及关键技术

此次研究利用多学科综合的油藏地球物理技术，从开发问题及地质需求角度出发，在分析研究前期资料成果的基础上，以常规与创新相结合的技术手段，采用从开发到油藏静态认识再到开发的整体研究思路，开展储层精细刻画与增产深化研究，通过循环迭代不断优化油藏地质认识，为老油田后期开发方案调整及提高油田采收率提供一体化的技术提供支持（图 2-1-1）。

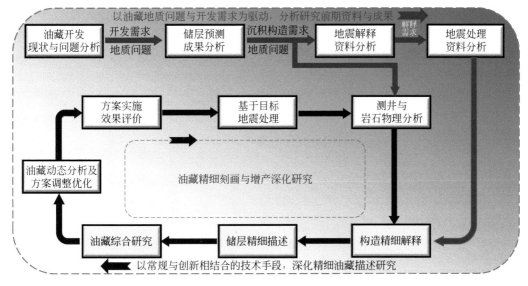

图 2-1-1　测井 – 地震 – 油藏动态一体化综合研究流程图

## 一、构造特征的再认识

（1）以三级、四级层序为目标，依托"两宽一高"新三维地震资料，井震联合标定层位，进行地层格架对比，开展三级、四级层序界面的对比解释。

（2）对北大港重点区块东营组、沙河街组（包括沙一段、沙二段及 3500m 以上的沙三段油组）重点目标开展构造精细解释、断裂组合、构造特征重新认识。细化局部目标区小断层、构造圈闭与岩性圈闭的精细解释。

（3）分析主要断裂特征及其平面组合和剖面特征，及对油气分布的控制作用，特别是精细落实小断层对油气的控制作用。

## 二、储层精细刻画

通过井震联合的储层对比，建立井间砂组、小层对应关系。利用地震储层识别技术，开展敏感地震属性优选及属性聚类甜点预测，利用地震储层沉积演化、地震分频解释、反演等技术进行多尺度的储层层次划分及定性解释。重点开展优势储层、单砂体定量评价，分析储层物性平面变化趋势，揭示各区块优势储层的发育分布规律和主控因素。主要内容如下：

（1）重建储层沉积模型，开展储层沉积特征研究；

（2）对主力出油气层开展储层横向预测，进行油砂体空间展布特征研究；

（3）对有利目标区富油气砂体刻画研究达到单砂层级别。

## 三、有利目标区"测井－地震－油藏"一体化综合地质研究

综合地震、测井、地质、试油试采、生产动态资料及沉积微相研究等，对油藏的构造特征、储层特征、油气藏组合等油藏特征进行再认识，总结油气成藏机理，并对油藏成藏富集规律进行研究，对油藏富集区域进行预测。

应用"测井－地震－油藏"一体化综合地质技术，选取有利目标区深化油气成藏规律及控制因素研究，并提供潜力目标区。

## 四、重点区块的储量复算

对东营组、沙河街组（沙一段至沙三段）进行储量复算，形成重点区块油组储量评价图，并提供潜力目标区。

本次研究区位于大港油田第一采油厂辖区内的港中、唐家河开发区，构造位置位于黄骅拗陷北大港二级构造带东部，是一个被断层复杂化了的大型鼻状构造，南起港东断层，北至 G8 井断层，是受滨海断层、港西断层、港东断层以及唐家河断层所夹持控制的复杂断裂构造带。具体位置见图 2-1-2。

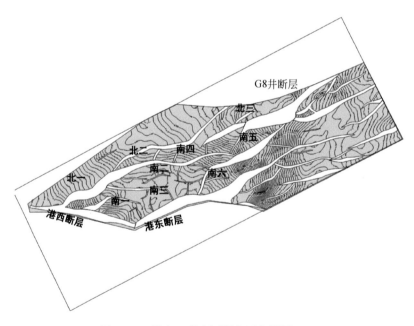

图 2-1-2　港中－唐家河研究区位置图

# 第二节　井震联合构造精细解释与构造特征分析

## 一、井震联合地层对比

针对研究区地层划分、地层对比上存在的问题，利用已有的岩心、取心资料，在前人研究的基础上，采用垂向测井相综合特征比对分析方法，参照反映地层岩性变化敏感的GR曲线、反映储层孔隙结构特征的DEN、DT曲线及反映储层含油性响应特征的RT曲线，并应用井震联合统层技术（图2-2-1）进行统层，该技术的基本思路是基于前人的测井分层，通过地震合成记录将其转换到时间域，首先进行目的层组、段级别大层井震联合统层，然后在井震合理大层的控制下，采用多种测井对比技术，进行组、段内部小层的井震联合统层，最后全区闭合形成合理的小层格架。本次研究重点开展了以下五个方面的地层划分、统层与对比工作：①补充完整目的层段未分层的井；②对地层单元划分较粗和过细的井，分别进行细分与粗化；③对部分井部分层位进行适度微调；④对部分井部分层位的名称更名；⑤结合全区地震构造解释格架开展了两个油田含油储层空间上多井地层的对比解释，并构建全区相对统一的等时间地层对比格架。

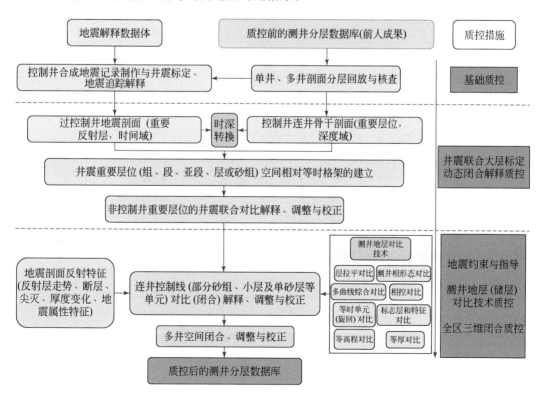

图 2-2-1　井震联合统层技术思路

图 2-2-2 为调整前后分层方案对比图，通过图 2-2-3 的连井剖面综合对比发现，新的层位调整结果相对更合理、更符合空间上地质沉积规律。

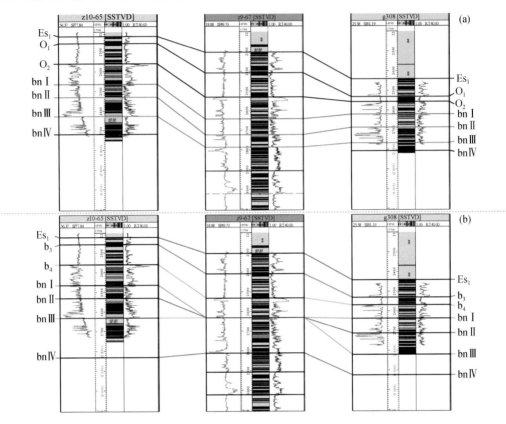

图 2-2-2　过井线新、老地层划分方对比

（a）调整前；（b）调整后

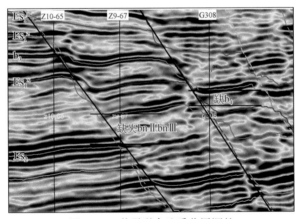

图 2-2-3　井震联合地质分层调整

本次研究完成了大港油田港中、唐家河两个油田 83 口单井的目的层段，对东营组到

沙三段及其内部含油层段进行了重新标定、解释、调整与连井对比。根据前人分层，结合本次研究需要，将研究目的层段细分为 15 个油组，共 16 个层位。

## 二、精细构造解释与成图

通过对研究区调研、分析，明确了以研究区为典型的伸展断裂系，断裂为北东走向，以南倾断层组合成反向断阶，掀斜作用明显，沙河街组呈箕状。并且研究区内断裂系统较多，组合样式多样。面对研究区内复杂的构造特点，首先综合应用相关的各项技术，以层序地层学理论为指导，利用"两宽一高"三维地震资料宏观控制，钻井、地震结合，找出相应的最大湖泛面、沉积间断面、不整合面为地层划分对比界线，在分析以上地层特征的基础上分析不同区带上不同储层的沉积特点，建立起井震之间的关系；其次以构造建模为核心，明确研究空间构造特征，完善各断块、层系的对应关系，通过综合应用层序识别技术、精细标定技术、三级层位解释技术、时间切片、相干切片、多属性提取分析技术、三维可视化技术、井点断层解释、模型正演和断层动态验证技术实现对构造的精细解释；最后，通过以上成果加深对断裂特征和构造特征的认识，落实小构造，使断裂系统更加完善合理。

### （一）层位解释与质控

目标区构造复杂，断层发育多样，因此采用"三级层位解释"来加强层位解释的精度。"三级层位解释"是在层位标定的基础上，首先，对一级储层进行分析及定义，一级储层在储层界面上、下地层具有相对稳定的沉积环境，储层的厚度大于 1/4 波长（地震分辨率极限）且在地震数据上可形成相对连续地震反射同相轴的界面，并将之命名为一级储层构造相对等时面（图 2-2-4）；其次，在一级储层构造相对等时面的解释基础上将二级储层构造相对等时面进行定义和解释，二级储层构造相对等时面为因沉积作用引起的储层空间非均质性和厚薄变化导致波阻抗界面的不稳定的沉积界面，从而地震数据不再具有相对连续的地震反射同相轴，并将之定义为储层沉积相对等时面；最后，在一级储层构造相对等时面和二级储层构造相对等时面解释的基础上将三级储层构造相对等时面解释出来。

**1. 储层构造等时格架地震层位对比解释与质控**

在层位标定的基础上，在全区寻找具有连续地震反射同相轴的层位。通过在研究区拉取过井的任意线，发现 $Ng_4$、$Es_1$ 和 $Es_2$ 三层的能量强，同相轴连续性较好，适合全区追踪，因此定义 $Ng_4$、$Es_1$、$Es_2$ 为一级储层构造相对等时面，优先进行解释（图 2-2-5）。

为了保证储层构造相对等时面的精度，地震层位解释主要分三个步骤。

（1）建立井震格架，开展井震格架剖面解释，确定解释方案；

（2）开展 32×64 测网的对比解释与闭合，建立断层的解释模式；

（3）开展 16×32 和 8×16 测网精细解释，初步形成一套井震联合、分级管理和多种手段并用的质量监控方法。

　　图 2-2-6 是本次建立井震格架骨干剖面解释位置图，通过井震联合解释来确定地震解释方案，从井出发，确定断层模式、骨架剖面，从而确定研究区的解释方案，为全区开展层位追踪对比建立基础。

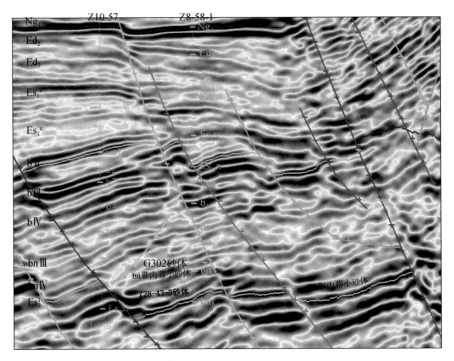

图 2-2-4　一级构造相对等时面识别

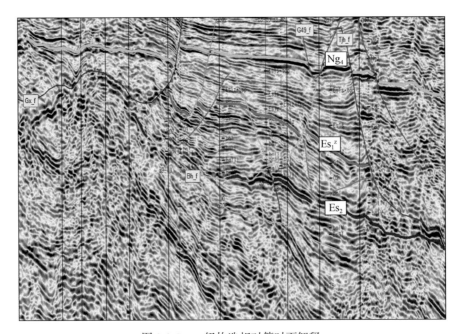

图 2-2-5　一级构造相对等时面解释

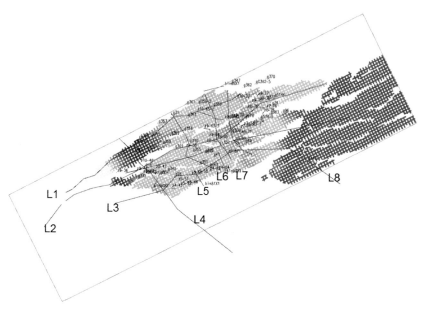

图 2-2-6 井震格架骨干剖面解释位置图

图 2-2-7 是利用井数据拉取的连井剖面（图 2-2-7 对应图 2-2-6 中 L1 位置），结合港中 – 唐家河油田地层对比（图 2-2-8），可获得解释依据。

该研究有助于确定研究区地层及岩性的横向变化，并建立起地震反射特征与岩性变化的关系，为后续的沉积相研究及岩性解释提供支持。

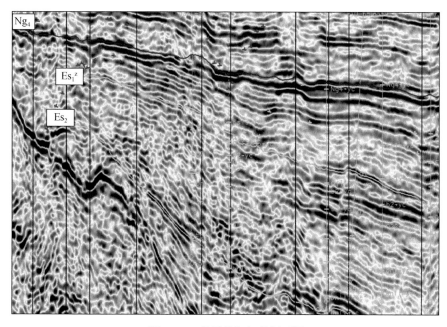

图 2-2-7 井震格架解释剖面图

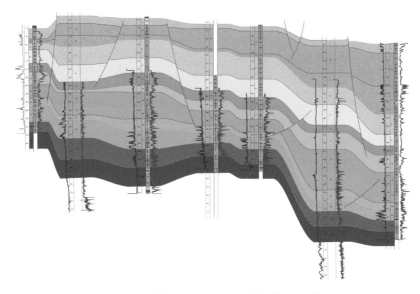

图 2-2-8　港中 - 唐家河油田地层对比剖面图

**2. 储层沉积等时格架解释及质量监控**

通过以上多种质量控制方法，共获得 3 层一级储层构造相对等时面的解释结果，建立了该区的构造格架。随后以井出发，选取邻近二级储层构造相对等时面的振幅属性切片开展细化解释工作：首先选取切片中砂体沉积较厚的部位进行解释，随后另外挑选多条跨越砂体厚至薄的部位进行闭合解释 [ 图 2-2-9（a）]，通常砂体较厚时，其对应剖面中为能量较强且连续的地震反射轴，因为易于识别 [ 图 2-2-9（b）]。通过多条任意线闭合外推，我们可获得二级储层沉积相对等时面的解释结果（同样通过细化色标和沿层相位属性的方法对该层进行质控），本次解释获得 7 层二级储层沉积相对等时面（$Ed_1$、$Ed_3$、$Es_1^s$、$b_3$、$b_4$、$bn\ III$、$Es_3^1$）。

在一级储层构造相对等时面和二级储层沉积相对等时面基础上结合反演数据进行了三级储层沉积相对等时面的解释与质控。最终得到 4 层三级储层沉积相对等时面，分别为 $Ed_2$、$b_2$、$bn\ I$、$bn\ II$。

（二）断层解释与质量监控

研究区内的断裂相对较为发育，其形式多种多样，因此断层的解释与断面的闭合工作量十分巨大。分析研究区内油田的成藏条件表明，断层在油气成藏中起到了非常重要的作用。因此，断层的精细解释和合理组合在构造解释研究中就显得尤为重要，而方便、有效的质控方法是断层解释与组合正确性的有力保障。

本次断层解释研究思路和方法有别于常规的断层剖面解释和闭合，更重视测井、地震、油藏结合解释小断层。同时，强化质量监控，采用多种手段并存，立体可视化监控，从而

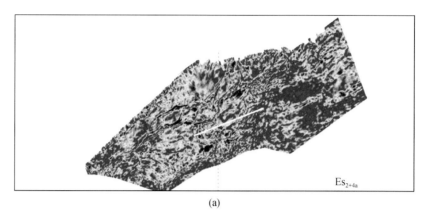

(a)

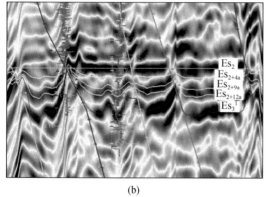

(b)

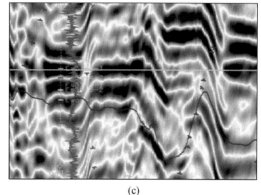

(c)

图 2-2-9　二级沉积相对等时面解释

达到断层解释和平面组合的合理性。具体的解释步骤和方法为：①常规剖面断层解释与闭合；②平面、剖面断层联合解释；③平面组合与质量监控；④多属性、可视化立体质量监控；⑤测井地震断层解释与质量监控；⑥测井、开发、地震多信息融合质量监控。

**1. 常规剖面断层解释与闭合**

在区域构造及断层发育特征研究和认识的基础上，开展断层的剖面解释和闭合。首先是建立基干剖面网，并进行基干剖面的断层解释，在解释中要对不同的断层进行命名和用不同颜色区分，使之能达到分级管理。在基础工作完成后随即开展一定测网密度断层解释，在解释中充分利用工作站灵活多样的显示功能和处理手段来突出断层的可解释性，并与相干数据体配合，确定断层的走向和分叉合并现象，使之在断层组合时不易出现差错。此时，要对解释的断层进行系统编号、分级、分色管理。通过较为艰苦细致的解释，最终完成了研究区 8×16 测网的断层剖面解释，在较为有效的质量控制下，最终达到良好的断层闭合效果。

**2. 平面、剖面断层联合解释**

由于本区断裂发育，且深度成像质量不甚理想，考虑到上述常规地震剖面断层解释与闭合工作量大、断面闭合难度大、解释精度难以保证等问题，在断层的解释过程中，引入了相干数据体时间切片，利用其对断层解释的优势，通过平面、剖面断层联合解释，描述断层的空间分布位置和发育规律，并实现断层断面的闭合。

图 2-2-10 为相干数据体时间切片与剖面断层的联合解释结果，相干数据体时间切片既可以为断层的解释和组合提供一种技术手段，同时也是一种重要的质量监控方式。

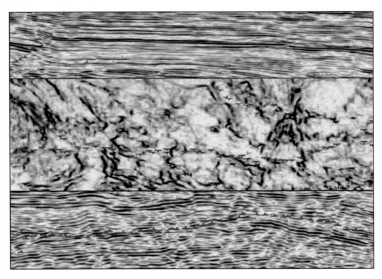

图 2-2-10    相干数据体时间切片断层解释

### 3. 平面组合与质量监控

由于上一步所开展的断层解释是基于相干数据体时间切片展开的，若与层位解释相匹配，则需要开展沿层的相干数据体切片的平面断层解释，它是在地震层位解释达到一定密度后才能开展的。这样既能开展断层的平面解释和组合，同时，还能对层位对比的质量起到监控作用，如图 2-2-11（a）是研究区 $Es_2$ 反射层的沿层相干数据体切片及断层平面组合质量监控图。

为了保证断层平面组合的精度，瞬时相位属性也可用于指导和监控断层平面组合，图 2-2-11（b）是研究区 $Es_2$ 反射层的沿层瞬时相位属性与断层平面组合质量监控图，从中可以看到某些局部位置的细节比相干属性更清楚。

另外，曲率属性构造解释中对小断层的反映较为敏感，原则上可以检测与地震采样率相当的断层。但由于检测能力的提高，曲率属性对地震资料的品质要求较高，抗干扰能力较差。对于研究区内，$Ng_4$、$Es_1^z$、$Es_2$ 及 $Es_3^1$ 底界等反射稳定层的小断层检测效果较好，其他反射不稳定层的效果较差，因此我们以稳定层为依据，对连续性较差层位进行监控，从而增加断层解释的合理性及一致性 [ 图 2-2-11（c）、（d）]。

### 4. 多属性、可视化立体质量监控

前面对断层空间和平面的解释主要表现为断层平面的展布特征，也是人们常说的断层组合。剖面解释和平面解释是否一致，组合是否合理，有待于检验。而一些断层复杂带往往会出现多解性，或解释失误，这就需要平面和剖面相结合的对照修改和质控，断层解释质控主要是这一阶段来完成的。

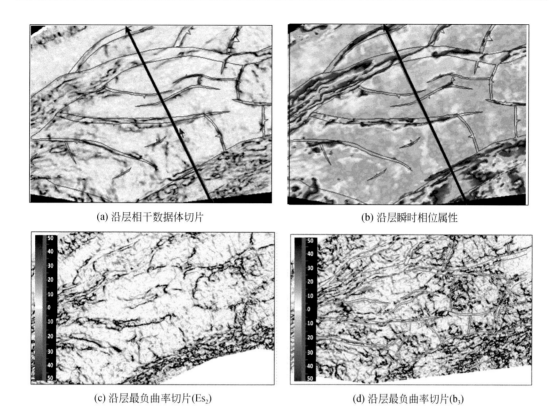

(a) 沿层相干数据体切片　　　　　　　　　(b) 沿层瞬时相位属性

(c) 沿层最负曲率切片(Es₂)　　　　　　　(d) 沿层最负曲率切片(b₃)

图 2-2-11　属性与断层平面组合质量监控

　　三维可视化技术为上述问题提供了一个强大的解决方案。本次研究了多数据体、层面多属性、断层三维可视化立体解释质量监控方法，很好地解决了剖面解释和平面解释一致性的问题，并进一步提高了断层解释的合理性和断面解释、闭合的精度。

**5. 测井地震断层解释与质量监控**

　　油气田开发阶段，四级和五级等低序次断层是构造精细描述的重点。这些低序次断层虽然规模较小，但数量比一级、二级、三级高序次断层要多，也影响油田的成藏条件、注采关系和开发效果。一级到三级断层和规模相对较大的低序次断层可以通过地震资料进行解释与识别，但是大量低序次小断层在地震响应上不明显，仅凭地震识别也比较困难。过井断层解释要依赖井上断层的识别技术，并确定出断点深度、断距、断面产状等断层参数。但提高小断层的解释精度和可靠性，仍需要测井、地震资料的联合解释和相互应验。

　　断层活动总会引起一系列的地层与构造变化，因此，利用与断层共存的各种标志有助于判断地下断层的存在。井上断层识别方法有很多，在本次研究中，主要通过连井剖面上地层单元的精细对比和测井曲线响应特征，依据地层单元厚度变化和地层的重复、缺失特点来甄别断层的存在。

　　断层在地震时间剖面上往往表现为：反射波同相轴错断，标准反射同相轴发生分叉、合并、扭曲、强相位转换，反射同相轴突然增减或消失，波组间隔突然变化，反射同相轴产状突变，反射零乱或出现空白带，特殊波（断面波）的出现等，可根据这些特征判断断层。

测井和地震资料的结合已成为当今油气勘探开发研究中不可缺少的技术手段。测井信息高精度地反映地层的纵向信息，但仅是"一孔之见"。地震记录反映了横向和纵向上地层的信息，但分辨率较低。因此，在断层解释中充分利用测井垂向分辨率高的特长，同时发挥地震资料空间上的优势与约束力，井震联合识别断层与对比验证，以满足油气田开发阶段对构造精细描述的高要求。

在地震资料解释基础上，综合钻井、测井断层解释结果，进一步提高构造研究精度。从 bn Ⅳ 油组底的平面相干属性切片上看 [图 2-2-13（a）]，G41 井附近有断层显示。然后通过详细的过 Z6-61-G41-Z6-65 连井地层对比解释（图 2-2-12），可见 bn Ⅳ 油组地层可对比性强，地层较为完整，但是 bn Ⅲ 油组存在明显的地层减薄现象，预示①号断层存在可能。进一步利用过井地震剖面 [图 2-2-13（b）] 地震反射特征，bn Ⅲ、bn Ⅳ 具有一定程度的同相轴错动现象，因此综合解释认为 bn Ⅳ 油组该井附近存在①号正断层，断距大约有 34m。同时结合录井的岩性对比，发现 Z6-65 的 $Es_3^1$ 油组底界缺失，地层岩性与邻井相比底部有大套砂岩变为泥岩，显现断层存在的可能性，同理借助过井地震剖面，证实存在②号正断层，断距大约有 75m。

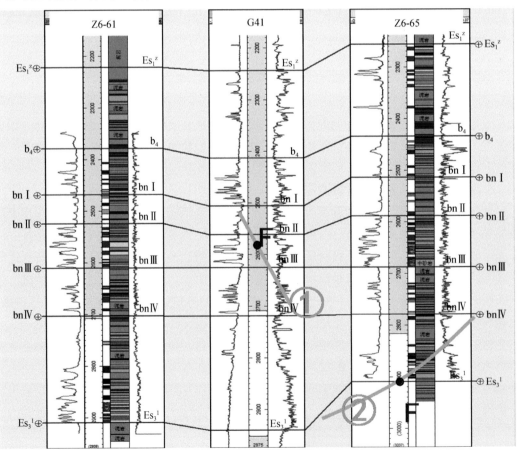

图 2-2-12　过 Z6-61 井、G41 井、Z6-65 井的断层

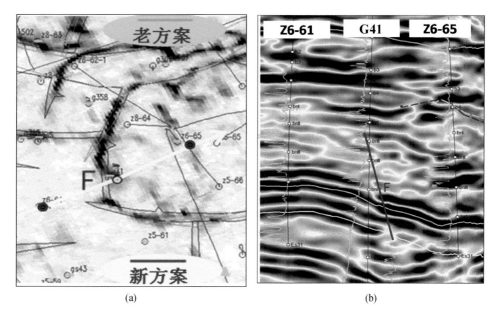

(a)　　　　　　　　　　　　　　　　　　　　(b)

图 2-2-13　钻井、测井断层解释与地震剖面解释

### 6. 测井、开发、地震多信息融合质量监控

以模型正演为指导，利用多种地震属性融合，开展井震剖面识别，开发井间连通平面指导落实小断层、小断块的空间组合。这种验证方法，通过实际生产动态提高了断层的解释精度，对微、小断层的发现与解释起着重要的作用（图 2-2-14）。

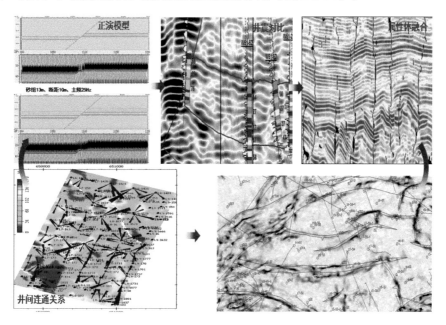

图 2-2-14　测井 – 开发 – 地震多信息断层解释

### （三）变速成图与质控

表层结构、构造运动、地层埋深以及地层厚度、岩性的横向变化等因素均可造成地震波传播速度的横向变化。因此，用单一的速度做时深转换或简单的常规变速成图不能比较好地反映速度横向变化的规律，也不能满足研究区油气田勘探开发构造成图的精度要求。

在系统研究井震时深转换问题的基础上，给出了井震时深转换的处理步骤及各类监控方法。构造成图技术路线与质控流程见图 2-2-15。

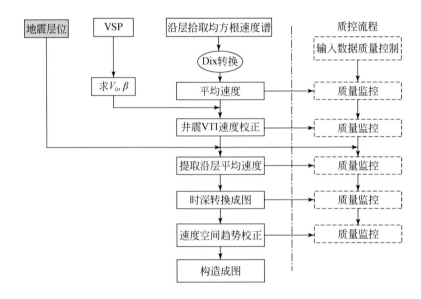

图 2-2-15　构造成图技术路线与质控流程

利用上述速度建场流程，针对港中 – 唐家河研究区开展变速构造成图工作，具体过程在此不做赘述，经过科学合理的速度分析和成图指控后，经新井验证，主要目标曾为直井误差达到 2m 以内的占 90% 以上。运用该成图方法完成了研究区 13 个储层的构造图，成图比例尺为 1 ∶ 25000，等值线线距为 10m（图 2-2-16）。

## 三、断裂特征与构造特征认识

### （一）断裂样式

港中 – 唐家河地区处于北大港潜山构造带的中东段，断层由西向东逐渐撒开，平面上呈帚状展布，深层断层少、平直且呈北东走向，晚期断裂主要体现复杂的帚状展布特征，并且出现大量的复式堑断裂组合样式。

断裂是构造带的主要构造变形，该区不同时期、不同类型、不同尺度的断裂纵横交错

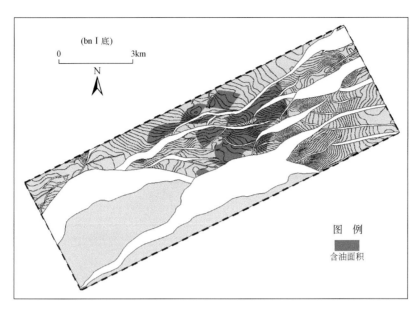

图 2-2-16　港中 – 唐家河油田 bn Ⅰ 底界主要目的层构造图

把该构造带分割得支离破碎，位于北大港潜山构造带的港中地区断裂十分发育。研究区断层走向分三组，北东东走向断层平行于港东主断层，北西向断层平行于港西断层东段，这两种断层相互切割，造成多种断层组合，平面上大致呈帚状分布，从断裂系统展布图和相干切片上得以体现（图 2-2-17，图 2-2-18）。

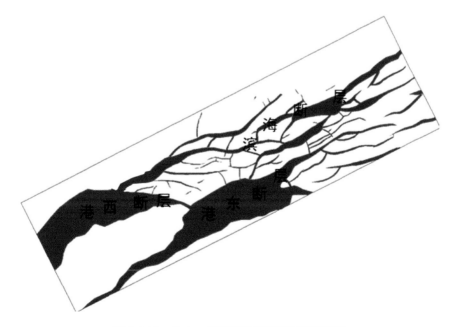

图 2-2-17　港中 – 唐家河地区断裂系统展布图

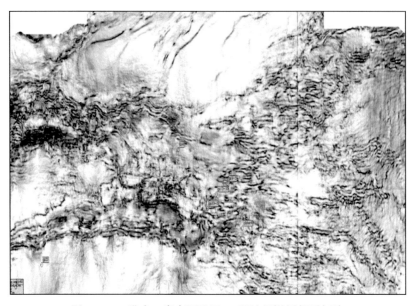

图 2-2-18　港中 – 唐家河地区 bn Ⅲ 油组沿层相干切片

　　各目的层断裂以南倾为主,港西断层、港东断层及白水头断层持续活动明显,整个帚状断裂带由港西断层、港东断层构成帚状带的根部,相对简单,持续发育,为主要的控制油气运移及储层分布的关键断层。其上部的第四系影响相对于东北部来讲较弱,使得下降盘的新近系油藏得以保存。帚梢由港东断层东侧末梢、唐家河断层、白水头断层及其派生断层组成,向北规模逐渐减小,影响层位逐渐变新。南北向的地震剖面(图 2-2-19)从西向东反映出规律性变化:西部剖面断层少,以南倾的港西、港东断层对构造影响规模相对较大,地层整体的产状以港西断层为界南倾、北倾明显。中部剖面位于唐家河帚状断裂带的西侧,构造变得较为破碎,垒式结构消失,该部位主干断层南倾,三条主干断层(唐家

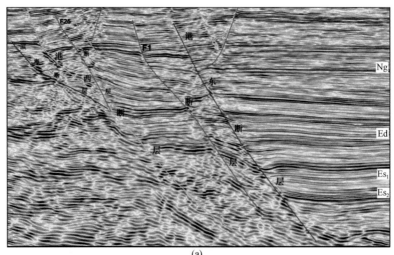

(a)

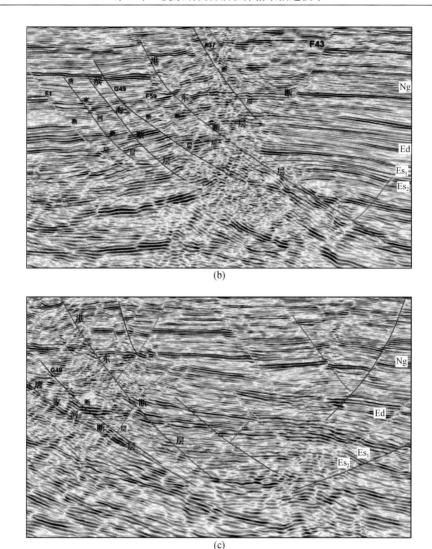

图 2-2-19　横切构造带南北向地震剖面

河、港东、港东东）形成帚状交切组合关系，地层倾向基本以唐家河断层为界南倾、北倾，三条主干断层的下降盘开始发育同向及反向的调节断层，越向上断层数量越多。东部剖面上三条主干断层对断裂、地层的控制作用更加明显。在主干断层下降盘分别形成复式堑断裂组合，相应地形成背斜形态剖面产状特征。

　　根据断层规模可分为三级：二级断层包括港西断层、港东断层、滨海断层、唐家河断层，其特点是发育时间长，断距大，延伸距离长，控制潜山构造，控制沉积和油气分布；三级断层包括 G8 井断层、G304 井断层、G49 井断层等，它们是各断块之间的分界断层，一般活动期较短，断距较小，延伸较短，对局部油气分布起控制作用；四级断层一般为大断层的派生断层，发育时间短，断距小于 100m，延伸长度小于 5km，它们分布在各断块内，将开发区块切割成大小不等的自然断块，使局部构造和油气水关系复杂化。

（二）构造特征

港中－唐家河断层主要为北东走向和北东东走向，存在北北东向的断裂带分割了港中主体区与唐家河断阶区，其伴生发育的同走向断层对港中的局部构造发育具有一定控制且由于受到剪切应力作用及转换带效应，断层出现分带现象（图 2-2-20），图中黑色粗线将该区划分为左、右两部分，西侧断层近似东西方向展布，而东侧断裂以北东向、北东东向为主，由于受到复杂应力的作用，转换带部位断裂较为复杂，难以识别。

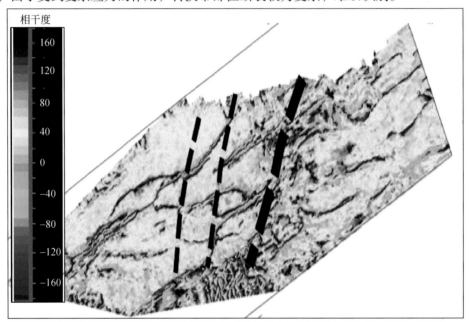

图 2-2-20  港中－唐家河地区断层划分区带图

港中－唐家河构造主体位于北大港潜山构造带东北部，其古近系沙河街组整体的构造形态为依附于港东主断层（西侧为港西断层）上升盘、被断层复杂化的大型鼻状构造，构造高点位于西南侧。古近系构造由滨海断层、港西断层、港东断层、唐家河断层及其他三、四级断层分割成众多的断背斜、断鼻、断块圈闭。由北向南分为滨北斜坡区、六间房－港中台阶区、唐家河斜坡带、联盟－马东斜坡区（图 2-2-21）。

（1）滨北斜坡区：位于滨海断层以北，整体构造形态为北东倾的单斜构造，仅在断层的夹角处形成构造圈闭，构造高点位于西南侧，该构造被北东和北北东走向断层切割而分为三个较大断块，由西向东分别为北一断块、北二断块、北三断块。

（2）六间房－港中台阶区：六间房地区夹持于港西与港东断层之间的断块，整体为一依附于港西断层下降盘的大型鼻状构造，地层南倾。港中油田夹持于滨海断层、港西断层、港东断层三大断层之间，受其影响次级断层发育，构造十分复杂，由西部具有背斜形态的菱形断块区和东部断阶区组成。区内北东和近东西向断层发育，将构造进一步细分为 6 个较大断块，即南一断块、南二断块、南三断块、南四断块、南五断块和南六断块。西侧的

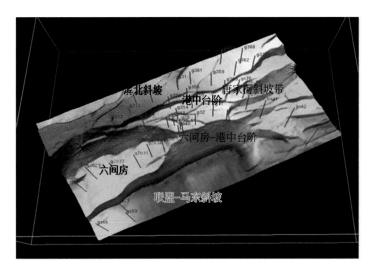

图 2-2-21 港中 – 唐家河构造区带划分

南一断块区受港西断层影响，以北西向断层为主，断距较大，延伸较长，北东向断层延伸较短。东部构造相对简单，北东走向的唐家河断层、港 49 井断层将东部切割为北东倾的台阶块。中部的南二断块区、南三断块区，北东向断层和北西向断层都比较发育，以北东向断层为主，两组断层相互切割，致使该区构造十分复杂。港中开发区为张扭构造应力场作用结果，使得局部构造样式复杂化、多样化。

（3）唐家河斜坡带：唐家河构造位于港东东断层上升盘，由港东断层向北东方向撒开呈帚状断裂展布的鼻状构造，向东侧发育一组与港东断层相向的断层，在其断层根部形成了一系列低幅度断鼻圈闭，与西侧构造主体以浅鞍相隔，整体呈现"高低高"的构造格局。

（4）联盟 – 马东斜坡区：位于港东断层下降盘，构造相对简单，断层不发育，受构造挤压作用，形成一系列背斜圈闭且具有继承性，自西向东为联盟背斜、马西背斜、马东背斜。

# 第三节 测井地震联合储层综合研究

地震数据在解决研究区宏观构造与沉积方面发挥了重要作用，但是面临储层精细刻画及薄储层预测时存在垂向分辨率低、薄储层准确刻画难等问题，很难满足目前油田开发中的实际需求。研究采用最新采集处理的"两宽一高"地震数据，结合区内已钻井的钻、录井信息，以及开发动态数据开展"测井 – 地震 – 油藏"一体化的综合研究。

"测井 – 地震 – 油藏"一体化综合地质研究工作中应用的技术方法和手段可归纳为"一个目标"、"四个层次"和"八项技术"，即利用层序地层学、古地形分析、沉积演化分析、地震属性分析、常规地震反演、地质统计学反演、储层构型与建模、开发动态分析八项关键技术，按照储层研究的四个层次（三级层序、四级层序、五级层序、层组内部单砂体）从宏观到微观层层递进，逐步深化储层认识，最终实现满足油田开发地质实际生产需求的目标（图 2-3-1）。

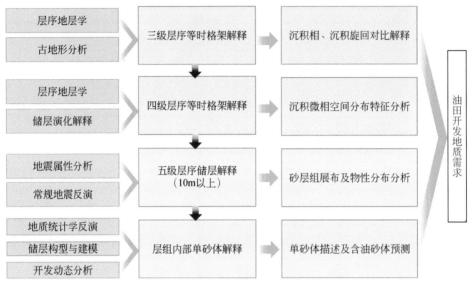

图 2-3-1　储层研究技术思路

# 一、宏观沉积模式与沉积演化特征分析

## （一）沉积演化分析方法

基于参考标准层的储层沉积演化解释技术是研究储层沉积演化解释的核心。储层沉积演化解释是建立在相对保持振幅、频率、相位和波形的处理技术，相对井与参考标准层的相对标定技术基础上，基于参考标准层的等时切片地震属性的空间相对变化和等时切片间地震属性的连续变化认识储层的地震解释方法。即通过沿参考标准层提取的等时地震属性切片在一个相对较小的沉积旋回内获得储层沉积演化解释信息，以及小于 1/4 地震波长薄储层的空间展布规律、薄储层的空间性质的空间展布规律。

该方法在地震分辨率不足和井信息无法严格标定时，仍可以有效解释小于 1/4 地震波长薄储层的空间展布规律。同时储层沉积演化解释可以弥补层序地层学宏观沉积格架解释中的不足，因此储层沉积演化解释可以在薄储层的地震勘探中发挥重要作用。

储层沉积演化解释是通过沿参考标准层提取等时的地震属性切片来研究一个沉积旋回内薄储层形成过程的地震解释方法。该方法融入了层序地层学、沉积体系、沉积旋回分析等一些地质分析方法，通过研究薄储层的沉积演化过程来识别小于 1/4 地震波长薄储层的空间展布规律，并研究储层参数的变化（厚度、沉积颗粒粗细和油水关系等）。在地震分辨率不足和脱离井信息严格精细标定的条件下，利用储层沉积演化解释可以定性地确定储层的性质和空间展布特征。

**1. 储层演化解释的流程及质控**

根据前述的研究思路，建立了研究区储层沉积演化解释及质量控制流程（图2-3-2）。图中右边为针对其中3个主要步骤的质量控制流程，左边为储层沉积演化的解释研究流程及所用数据。输入数据包括井资料、地震层位及地震数据。研究流程主要包括4个步骤：地层沉积模式的确立、地震属性的提取及优选、储层沉积演化解释、沉积相及沉积微相成图。

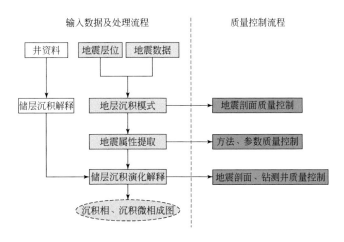

图 2-3-2　储层演化解释的流程及质量控制图

**2. 储层沉积及充填方式的解释**

1）地层接触关系简化模式

在地层接触关系上，根据地震同相轴的反射特征可将地层接触关系简化为如图2-3-3所示的三种模式：平行于顶、整合关系、平行于底。

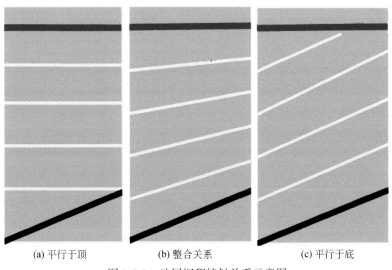

(a) 平行于顶　　　　(b) 整合关系　　　　(c) 平行于底

图 2-3-3　地层沉积接触关系示意图

2）研究区地层接触关系优选分析

依据接触关系简化模式，结合研究区储层沉积充填模式、接触关系以及沉积厚度等分析，认为研究区沉积地层对于 3 种简化沉积模式的匹配状况虽不很理想，但经过对三种简化的储层演化切分模式实验分析对比后，与另外两种模式相对比，认为等比切分模式虽存在局部穿时现象，对砂体空间宏观展布的描述影响并不大，可用于大套地层（如沙一段下、沙二段等）沉积体的空间展布描述；而对具体油组（如 $b_2$、$b_3$、$b_4$、bn Ⅰ、bn Ⅱ、bn Ⅲ、bn Ⅳ等）而言，适合按照平行于油组顶、底适合面对其进行等比切分的整合关系进行储层演化分析，研究其空间分布规律。图 2-3-4 为 bn Ⅳ油组储层演化小层切分模式。

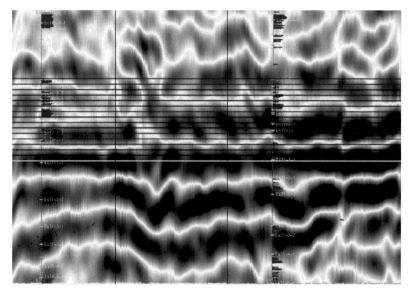

图 2-3-4　bn Ⅳ油组储层演化小层切分模式

3）地震属性优选

储层沉积演化解释技术是建立在地震属性分析基础上的，因而地震属性的选择与研究是这项技术的一个重要内容。

地震属性的种类十分丰富，数量众多。这些地震属性从计算角度可以分为两类，一类是单道计算的地震属性；另一类是多道计算的地震属性。通常应用的单道地震属性有：瞬时频率、瞬时相位和瞬时振幅信息。这三种地震属性可以从地震数据中分解出来，同时也可以用这些地震属性重构地震数据，因此它们是可逆的单道计算地震属性，也是最基本的单道计算地震属性。其他的地震属性是根据不同地质体特点和可视化的显著性逐步发展起来的。从根本上讲，众多地震属性只是通过同一地震信息在不同域去分析它的变化，因此总离不开以上三个基本地震属性的特点。

多道计算地震属性是通过空间不同提取方法来发现空间地震信息变化的计算方法，因此这类方法都基于求取地震道的空间相似性和空间差异性来发现地震属性和地质信息的变化关系，其中，基本多道计算方法有相干数据体（差异性）和波形聚类（相似性）方法。

本次研究中首先对基本的三瞬属性、相干属性与波形聚类属性进行了实验分析，认为相干属性对断层的识别能力较强，对储层分布的反映相对较弱，所以重点用三瞬属性中的振幅、频率、相位及波形聚类属性对各个层段进行优选分析，然后根据三瞬属性解释结果确定是否值得开展其他属性的分析研究。一般来讲，频率属性对地震物理属性的空间变化反映较弱，因瞬时频率是指地震波瞬时刻的主频变化；而瞬时相位计算时它不管反射同相轴强弱，只要瞬时相位是相干的就可以显示"同相轴"，它突出弱反射层的形态，所以二者皆不适用于储层纵向沉积演化的分析研究。相对来讲，瞬时振幅属性对储层沉积空间分布、厚度以及反射强弱皆较敏感；波形聚类属性为地震波振幅、频率、相位的综合反映，可比较全面地反映地震相的分布。

图 2-3-5 ～图 2-3-8 为研究区沙二段底界地震数据属性横向对比图，可看出三瞬属性对岩性边界的变化响应都各不相同。井震联合标定显示，波形聚类属性尽管分辨率较低，但能更好地反映砂体的边界和空间分布规律，而振幅属性对整体砂体分布规律不如波形聚类属性，但局部细节和空间变化反映更为敏感。

基于以上分析，我们在储层研究中，应用波形聚类属性分析油层组（如 bn Ⅳ 油组）级别的沉积特征和储层边界；对油层组内部砂层的储层沉积演化优选了振幅属性进行沉积分析。

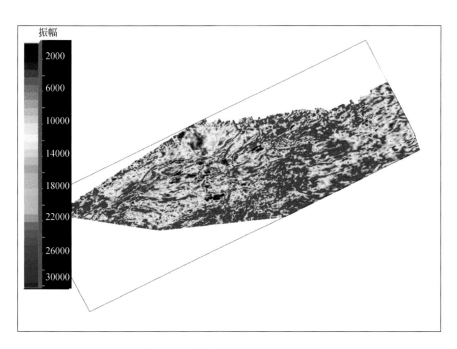

图 2-3-5  沙二段底界沿层振幅属性

## （二）沉积模式及沉积演化特征分析

以古地貌特征及区域沉积背景为指导，利用地震相的分布特征结合录井岩性分析及测井相分析结果，对研究区内储层沉积演化进行了深入分析，重建了研究区内重点目标储层

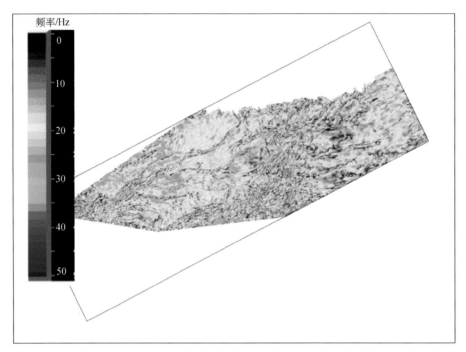

图 2-3-6　沙二段底界沿层频率属性

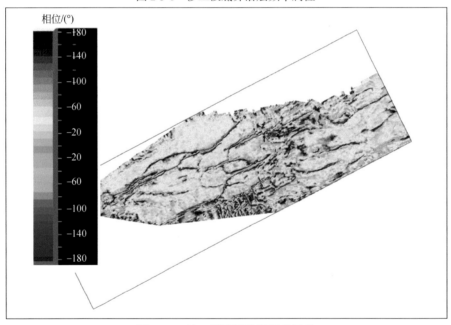

图 2-3-7　沙二段底界沿层相位属性

的沉积模式。研究分析认为：港中潜山是控制研究区内沉积的主控因素，其对区域沉积的影响一直持续到沙河街组沉积末期，其影响程度随着盆地由断陷期向凹陷期过渡逐渐降低。

图 2-3-9 为联络线 XL3893 地震剖面。从解释结果可以看出，图中粉色填充区域为港中潜山，受其影响，区内沉积地层分布明显呈现中间薄、两侧厚的沉积特征。从目标储层

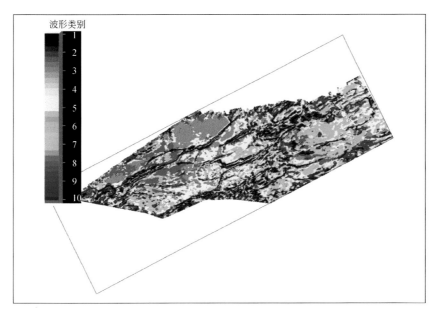

图 2-3-8　沙二段底界沿层波形聚类属性

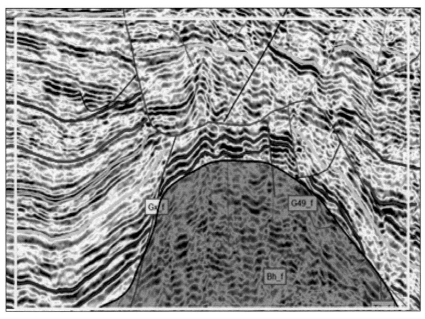

图 2-3-9　港中潜山地震剖面特征

局部放大图（图 2-3-10）中也可以清楚地看出，港中潜山对 $Es_3^1$、$Es_2$、$Es_1$ 的储层控制明显，呈现出由西向中部逐渐减薄的特征。

沙三段：根据岩性录井资料，沙三段岩性有含砾砂岩、粗砂岩、中砂岩、细砂岩等，粒度整体较粗，以砾石质为主。从岩心上可见（图 2-3-11），分选、磨圆差，成分和结构成熟度较低。颗粒大小不一、混杂堆积，以泥质胶结为主。测井相分析表明研究区主要发育水下分流河道（SP 呈钟形）、前缘席状砂（SP 呈指状）、河口坝（SP 呈漏斗形）、水下分流河道间（SP 呈平直形）等沉积微相（图 2-3-12）。结合地震相平面展布特征（图 2-3-13）可以看出，强振幅带呈现朵叶体扇形分布，综合岩心、测井、地震相响应特征及区域沉积资料，认为研究区主体发育扇三角洲沉积。

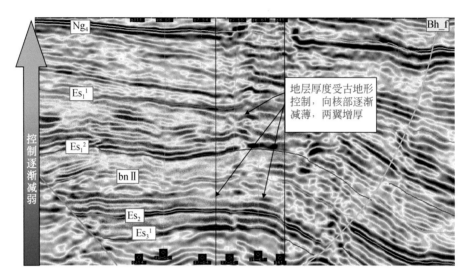

图 2-3-10　目标储层局部放大图

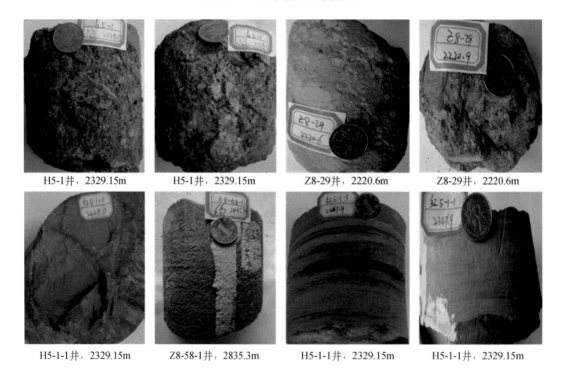

H5-1井，2329.15m　　H5-1井，2329.15m　　Z8-29井，2220.6m　　Z8-29井，2220.6m

H5-1-1井，2329.15m　　Z8-58-1井，2835.3m　　H5-1-1井，2329.15m　　H5-1-1井，2329.15m

图 2-3-11　沙三段取心照片

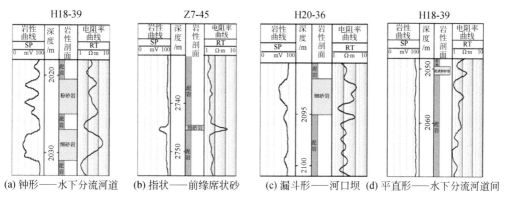

| H18-39 | Z7-45 | H20-36 | H18-39 |
|---|---|---|---|
| (a) 钟形——水下分流河道 | (b) 指状——前缘席状砂 | (c) 漏斗形——河口坝 | (d) 平直形——水下分流河道间 |

图 2-3-12　沙三段典型测井曲线特征

图 2-3-13　沙三段地震相分布特征

　　沙二段：沙二段的录井及部分取心表明，bn Ⅳ、bn Ⅲ 油组岩性为深色泥岩与浅灰色砂岩互层，含砾砂岩发育，分选差，局部有油页岩发育，胶结物以泥质为主，占8%～77.3%（图2-3-14）。泥岩中含有少量鲕及团粒，并见有虫孔、鱼化石、介形虫和植物碎片，反映水体为浅水 – 半深水的沉积环境。

　　图2-3-14中沙二段的岩心照片呈现典型的重力流沉积特征，可见块状层理、脉状层理、泥岩撕裂屑、平行层理、压扁层理及递变层理等沉积构造，指示近岸水下扇沉积特征。

　　结合地震相的平面分布（图2-3-15）及沉积演化规律也可以看出，沙二段时期主要为近岸水下扇沉积，近源水下扇主要分布在研究区西南靠近港西隆起一带，其中主要发育水道、水道侧翼及分流间湾等沉积微相，如图2-3-16所示。

　　综合主力层系的沉积古地貌变迁，沉积特征分布及沉积演化规律，研究分析认为，在研究区内存在"东西分带"的两套沉积体系。西部沉积区主要物源供给来源于港西隆起，在早期的低部位沟槽中接受近港西隆起的扇体沉积。东部沉积区则主要来自北东部的远物源供给，主要发育三角洲沉积体系。

H5-1-1井，2105.38m    G352井，2527.1m    G352井，2534m    G352井，2534m

Z11-70井，2677.9m    Z11-70井，2617.1m    G352井，2467.2m    G352井，2534m

图 2-3-14　沙二段取心照片

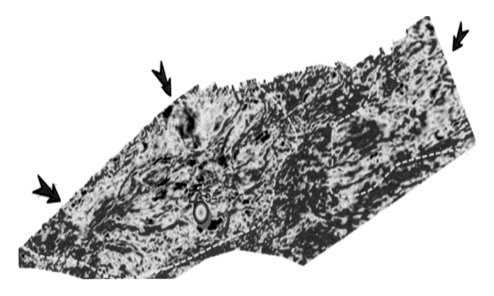

图 2-3-15　沙二段地震相分布特征

基于研究区古地貌特征（图 2-3-17），下面以 Es$_2$ 段内 bn Ⅳ 油组沉积分析为例，重点分析 bn Ⅳ 油组的沉积旋回、沉积相分布及沉积演化规律。

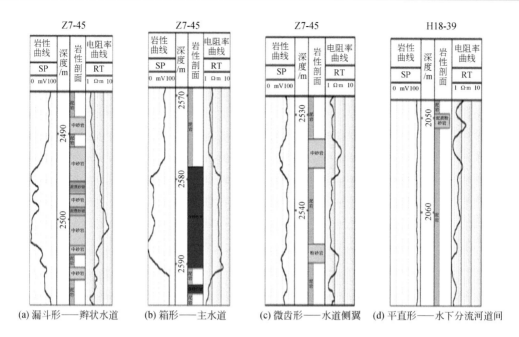

(a) 漏斗形——辫状水道　(b) 箱形——主水道　(c) 微齿形——水道侧翼　(d) 平直形——水下分流河道间

图 2-3-16　沙二段典型测井曲线特征

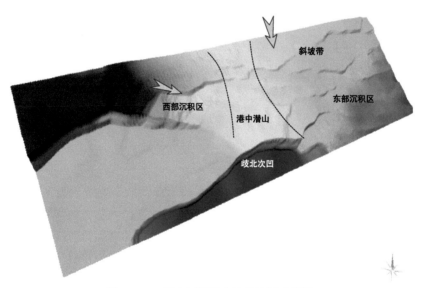

图 2-3-17　研究区沉积古地貌特征示意图

图 2-3-18 为 bn Ⅳ 油组单井沉积模式的划分结果,通过对区内 158 口井的分析结果表明,bn Ⅳ 油组可进一步划分为 3 个次一级的水进退积旋回。该结果也可以通过地震沿层等时切片沉积演化结果进一步证实。

图 2-3-19 为沿沙二段底界面(即 bn Ⅳ 油组底界面)的地震相对等时振幅属性切片演化分析结果,图中从底到顶分布反映了 bn Ⅳ 油组 3 个不同沉积阶段的平面沉积相的展布规律。从图中可以明显看出以下结论。

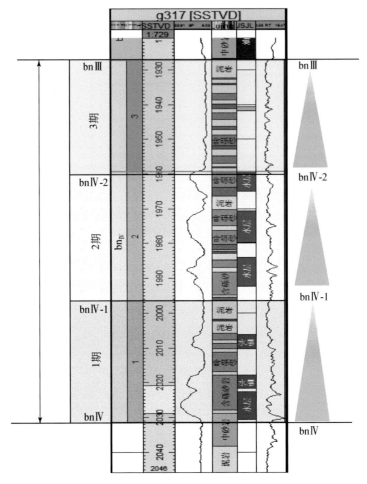

图 2-3-18　bnⅣ油组沉积旋回划分

　　bnⅣ沉积早期：砂体发育主要集中在工区西南部，地震响应为强振幅特征（图 2-3-19bnⅣ-1），结合古地貌及井点砾岩厚度分布分析结果，研究认为，早期沉积主要发育近源水下扇沉积，沉积物主要来源于西部港西隆起带，同时区内沉积来自东北方向的重力流水道沉积。由于受港中潜山的阻挡，在近南北方向（即港中与唐家河交汇处）形成了双向物源交汇，沉积相分布如图 2-3-19 所示。

　　bnⅣ沉积中期：伴随水体的逐渐加深，西南近物源的水下扇逐步向港西隆起的高部位退缩，扇体规模进一步缩小，从地震振幅属性（图 2-3-19bnⅣ-2）可以明显看出，在扇体沉积前缘与早期沉积扇体形成一个叠合的岩性边界，整体呈现弱振幅特征，沉积相分布如图 2-3-19 所示。

　　bnⅣ沉积晚期：伴随沉积水体的进一步加深，西南近物源的水下扇进一步萎缩，在研究区内主要被深水泥岩覆盖，地震振幅属性呈现弱振幅的泥岩响应特征，沉积相分布如图 2-3-19 所示。

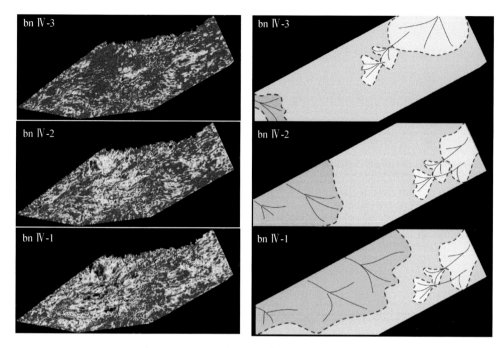

图 2-3-19 bn Ⅳ 油组沉积演化及沉积模式分析

## 二、地震反演与储层预测

采用的叠后反演技术流程如图 2-3-20 所示。叠后反演主要包括：岩石物理敏感参数分析、叠后反演（井震标定和子波提取等）和反演解释，这里叠后反演包括测井约束的叠后确定性反演和叠后地质统计学反演，比较两种反演结果后选择适用该地区的结果进行最终解释。

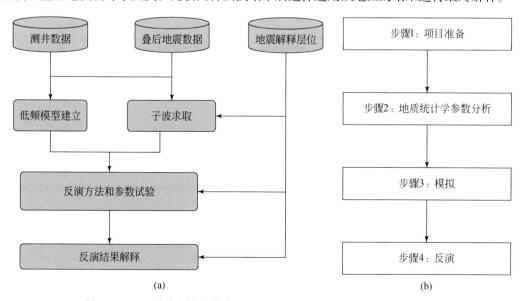

图 2-3-20 叠后确定性反演流程（a）和叠后地质统计学反演流程（b）

（一）岩石物理分析

岩石物理分析是连接地震和油藏工程的纽带，也是利用地震资料预测岩性和油气分布的物理基础，其基本任务是寻找并建立各种弹性参数与储层特性（岩性、物性及含气性）之间的关系，利用岩石物理参数揭示油气储层特征，确定相关的敏感弹性参数，继而可进一步确定油气储层的地震特征。对特定储层进行岩性、孔隙、流体识别时，常选择的岩石物理参数有密度、纵波速度、横波速度、纵横波速度比、泊松比、体积模量、拉梅系数等，但当储层复杂时，利用单一岩石物理参数往往不能有效区分岩性、物性、含流体性质等所引起的差异，因而需要借助两种或多种岩石物理参数，即将两种或多种岩石物理参数在平面图上进行交会，根据交会点的坐标定出所求取参数的数值和范围，图 2-3-21 展示南一区敏感参数分析。

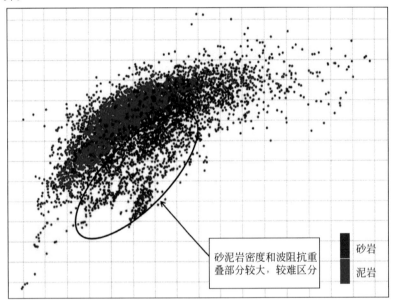

砂泥岩密度和波阻抗重
叠部分较大，较难区分

砂岩

泥岩

图 2-3-21　敏感参数交会图

（二）叠后确定性反演和叠后地质统计学反演

地震波阻抗反演是利用地表地震观测资料，以已知地质规律和钻井、测井资料为约束，对地下岩层空间结构和物理性质进行成像（求解）的过程。地震资料中包含着丰富的岩性、物性信息，经过地震反演，可以把界面型的地震资料转换成岩层型的测井资料，使其能与钻井、测井直接对比，以岩层为单元进行地质解释，充分发挥地震数据在横向上资料密集的优势，研究储层特征的空间变化。波阻抗反演是一个系统化的处理、解释过程，任何一个步骤的好坏都会影响结果。在井约束波阻抗反演的处理过程中，测井资料的标准化处理、子波的提取、层位的精细标定、地震地质模型（低频模型）的建立和反演方法的选择都决定着反演的质量和精度。

根据本项目的要求还需要进行叠后地质统计学反演工作。叠后地质统计学反演工作流程应用测井资料、地质统计资料，在很好地与地震资料匹配后，生成横向上连续的高分辨率阻抗模型和岩性体，从而描述薄储层与薄夹层的空间展布。图 2-3-22 为南一区的测井和岩性曲线。

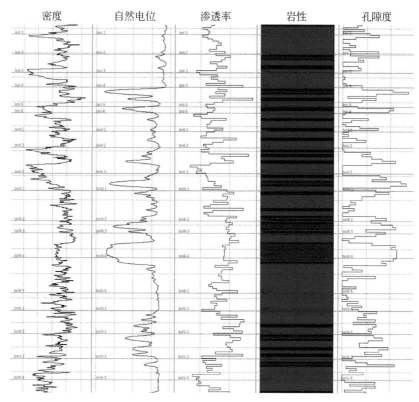

图 2-3-22　测井曲线和岩性

地质统计学反演充分融合地质信息、地震信息、岩石物理信息、测井信息等先验信息，通过马尔科夫链和蒙特卡洛算法，产生一系列满足各项软硬性约束条件的地质模型，该地质模型既具备与实测测井资料相吻合的描述性，又兼有地震资料的预测性。图 2-3-23 为地质统计学反演获得的岩性概率剖面，与图 2-3-24 叠后确定性波阻抗反演剖面相比，两者大的形态相似，但细节上相比叠后确定性反演结果，地质统计学反演结果对地层岩性的反映更清晰和直观。

## 三、单砂层精细描述与刻画

在宏观沉积特征及其演化规律认识的基础上，综合地震反演储层预测和地震解释结果，以井点砂体对比结果为核心，通过解决井点砂体展布与沉积认识矛盾、构造与油水关系矛盾、注采对应矛盾，突破传统单砂体对比中剖面对比常规做法，重点从 3D 空间对井对比结果进行空间点、线、面、体的多维质控，确保砂体对比解释的准确性，降低不确定性，

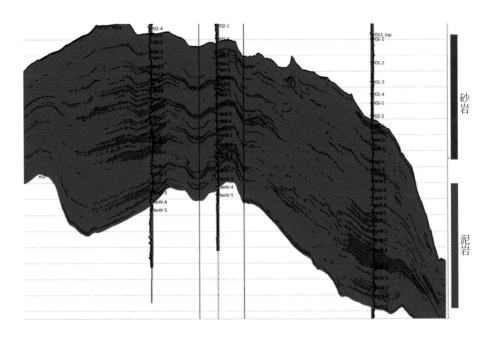

图 2-3-23　地质统计学岩性反演剖面

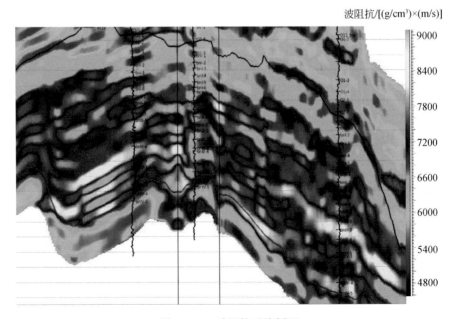

图 2-3-24　波阻抗反演剖面

从而提高砂体描述精度，流程如图 2-3-25 所示。对研究区多套目的层开展了研究，在此以 bn Ⅳ 为例介绍研究过程及效果。

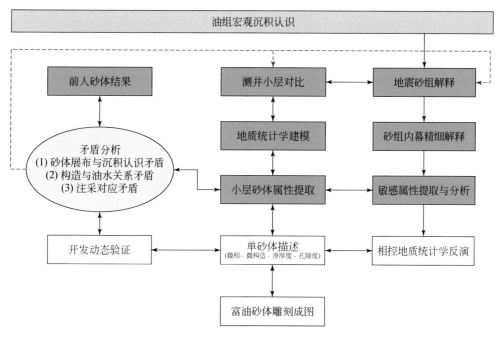

图 2-3-25  单砂体描述与刻画流程

（一）bn Ⅳ 油组地层划分

bn Ⅳ 油组位于研究区沙二段底部，是研究区内主力产油层系。纵向上可进一步划分为 5 个砂层 11 个单砂层。整体厚度差异较大，平均厚度约为 100m，如图 2-3-26 所示。

（二）bn Ⅳ 油组沉积演化及砂体分布规律预测

bn Ⅳ 油组主体经历了水进沉积，西部沉积区主要发育近港西隆起的近源水下扇。北部物源区主要发育扇三角洲前缘沉积。纵向多期水下分支河道叠合，砂体发育程度高。

**1. 西部沉积区**

西部沉积区主体发育近缘水下扇，早期河道主体发育在西南红湖地区，纵向上多期叠置。发育前积的水进沉积层序，揭示了随着水位不断变深，河道主体向港西隆起不断变迁的沉积演化过程。

早期 bn Ⅳ-4-1 主体沉降区位于靠近港东断层低洼的沟槽部位，该区地势相对较低，沉积厚度大，也是早期河道砂集中分布聚集的有利区带。伴随着水深逐渐加深以及低洼地势的填平补齐作用，后期河道开始向北迁移，晚期主体河道远离港西断层，且在研究区主要发育前缘的分支河道，砂体厚度薄，规模小（图 2-3-27）。

**2. 北部沉积区**

北部沉积区主体发育三角洲前缘沉积体系（图 2-3-28），由于沉积物搬运距离远，整

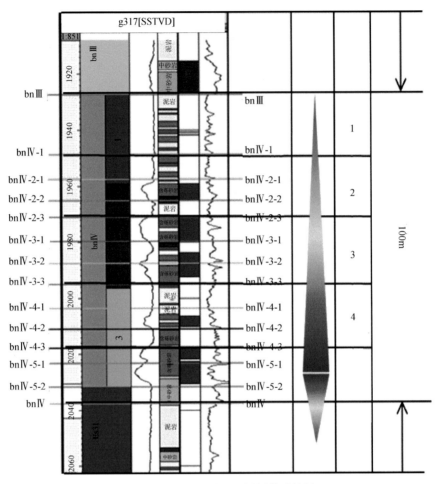

图 2-3-26 bn Ⅳ 油组地层划分及特征

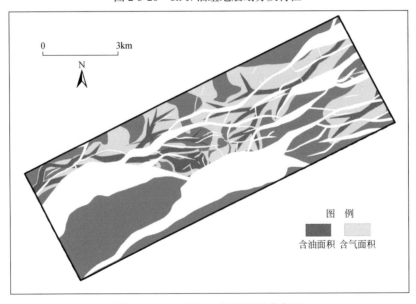

图 2-3-27 bn Ⅳ-4-1 沉积微相分布图

体砂体发育差，呈现"泥包砂"特征。

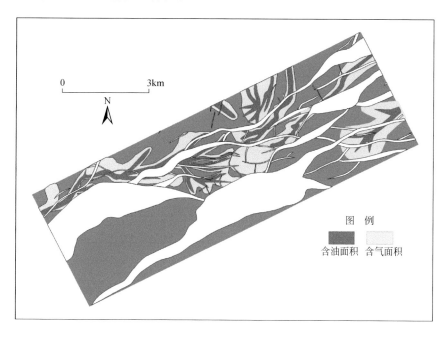

图 2-3-28 bn Ⅳ-2-1 沉积微相分布图

地震属性预测结果可见明显的水道发育特征，水道主体发育延伸距离远，横向分布范围窄，如图 2-3-29 所示。

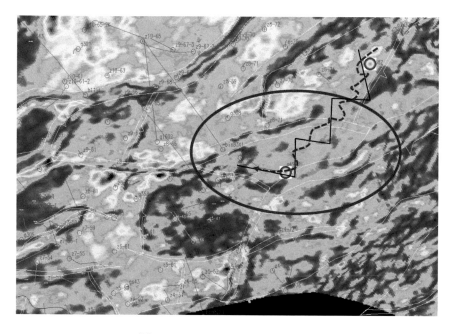

图 2-3-29 bn Ⅳ-2-1 地震属性切片

从图 2-3-30 所示顺河道地震剖面和垂直河道地震剖面可以看到典型的强振幅的河道地震反映特征。该区储层厚度薄，储层物性差，含油分布规模相对较差。

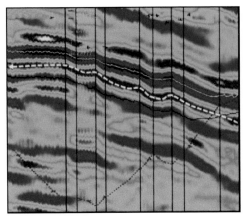

(a) 顺河道          (b) 垂直河道

图 2-3-30 河道地震剖面特征分析

### （三）bn Ⅳ 油组主力单砂体特征描述与综合评价

图 2-3-31 为 bn Ⅳ 油组小层累产对比图，从中可以看出 bn Ⅳ 油组主力储层主要集中在 bn Ⅳ-2、bn Ⅳ-3、bn Ⅳ-4 砂层，其中 bn Ⅳ-2-1、bn Ⅳ-2-2、bn Ⅳ-2-3 以及 bn Ⅳ-4-1 是该油组主力产油层段，结合上述 bn Ⅳ 油组沉积演化及储层分布认识，本次研究选择 bn Ⅳ-2-1、bn Ⅳ-2-2、bn Ⅳ-2-3 以及 bn Ⅳ-4-1 进行了单砂体的精细描述与刻画。

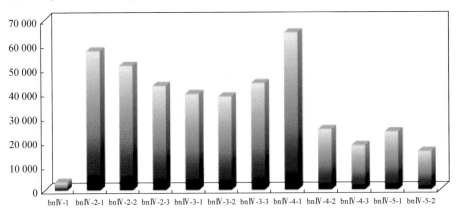

图 2-3-31 bn Ⅳ 油组小层累产对比图

bn Ⅳ 油组含油分布主要集中在靠近港东、港西一侧，沿南北向断层分布集中在靠近断层的局部高点和岩性尖灭形成的闭合圈闭。综合单砂体沉积微相分布、砂体厚度以及储层物性等特征，对研究区有利目标区进行了优选与分类。

Ⅰ类井网加密区：该有利区主要集中在富油砂体集中的区带，该区带一般储层物性好、厚度大，油气富集。针对这类区域，通过综合分析认为目前具备井网加密的潜力，是下一步开发调整的首选目标区。bn Ⅳ Ⅰ类井网加密区主要集中在 G340 井区、G330 井区，是下一步调整的主力区。

Ⅱ类滚动开发区：该类型目标区主要为已发现的储量覆盖区，但目前产能相对低，为井控程度比较低的区域。典型代表为 bn Ⅳ -2-1 北部物源河道砂的分布区域（G382 井区）。已钻遇井的开发信息分析结果表明，在河道中物性较好的砂体中依然存在较好的潜力。因此作为后期开发调整的滚动目标。

Ⅲ类滚动评价区：主要集中在北二区块、北三区块靠近滨海断层一侧，以 G305 井区、Z4-75 井区为代表，该区域储层发育相对较差，多为薄互层前缘砂，储层厚度薄、物性较差。研究认为在一些分支河道物性较好的砂体中，靠近断层的局部岩性圈闭中依然存在可能的剩余潜力。但由于河道规模小，这类目标一般产量相对比较低，且储量规模相对也比较小。在河道认识深化的基础上，可以作为后期滚动评价的目标进行挖潜。

# 第四节　成藏分析及储量复算

本次成藏分析及储量复算是在对开发动态数据重新整理的基础上，对不同层系生产数据开展了产量劈分研究，在此基础上对各个层系的油藏开发特征进行了综合分析，结合前期储量上报成果，重新确认了含油范围及规模，结合新的成藏认识，重新开展储量复算研究，在此主要介绍油藏成藏及油气复算结果。

## 一、油藏成藏规律与控制因素分析

### （一）油藏成藏规律分析

**1. 多套生油岩多期生油为研究区提供了丰富的油气资源**

港中 – 唐家河地区供油凹陷为歧口和板桥两凹陷，滨南 – 唐家河构造带古近系储层供油以东部和南部的歧口凹陷为主，板桥凹陷为辅；新近系以南部歧口凹陷为主，东部歧口凹陷为辅，板桥凹陷主要为滨北地区供油，对滨南地区供油量很少。生油岩以沙二段、沙三段和沙一段为主，东营组为辅。东营组下段时期沙二段和沙三段供油 $3.14 \times 10^8 t$，占沙二段、沙三段整个历史供油总量 $7.03 \times 10^8 t$ 的 44.7%；东营组上段时期沙一段供油 $2.21 \times 10^8 t$，占沙一段整个历史供油总量 $4.77 \times 10^8 t$ 的 46.3%。歧口凹陷沙二段、沙三段和沙一段是滨南地区古近系的主要供油源，主要排烃期是东营组，因此分析好东营组时期的各层组构造特征、油源情况、有利储集相带和有利保存条件十分重要。歧口凹陷从沙二段、沙三到东营组发育多套生油岩，多期生油，为港中 – 唐家河地区提供了丰富的油气资源。

**2. 多套储盖组合为本区多层系含油提供了储集场所**

研究区从沙二段、沙三段到馆陶组—明化镇组构造运动与沉积旋回的频繁变化，使砂体在纵向和平面上形成多套储盖组合（即目前的多个油组）。根据储盖组合与油气分布情况把沙河街组纵向上分 $b_1$、$b_3$、$b_4$、bnⅠ、bnⅡ、bnⅢ、bnⅣ、$Es_3^1$ 油组多套储盖组合。各油组砂体分布及特征是研究区油气藏形成的主控因素之一。另外，不同物源控制各期砂体分布，油气富集程度不一样，如 bnⅠ 油组砂体受北东物源控制在港中开发区东侧砂体发育，也是 bnⅠ 油组油气主要分布区。

沉积砂体主体具有砂层单层厚度大、纵向砂岩累计厚度大、物性好的特点。厚度大则圈闭空间大，闭合幅度大则利于油气聚集。砂体主体部位粒级粗于侧翼，物性也好于侧翼，有利于油气的渗流和聚集。

不同时期、不同位置的沉积砂体分布，具有不同的油层组合。各沉积时间单元沉积的砂体，在沉积空间位置上存在差异，导致相应砂体分布及油层分布具有明显差异。如 bnⅢ 油组底部油层集中，砂岩分布广泛导致油层分布广泛。bnⅠ 油组砂体主要分布在研究区东部，但受砂体分布控制，油层集中分布在东部。对于 $b_3$ 油组，沙一段中区域性发育一套泥岩，可作为 $b_3$ 油组盖层，储盖组合较好，因此在南一断块、南三断块的 G355 井区，以及南五、南六断块的部分区域，油源条件充分，在这些地区 $b_3$ 油组最为有利。

**3. 构造活动期与生油期的完美配合形成了油气富集带**

（1）三、四级断层使油气藏进一步复杂化：港中开发区主要断裂控制了该区构造格架及圈闭规模，而三、四级断层发育与主要断裂关系密切，如在港东、港西、滨海三个断层交会处的南一断块，三、四级断层发育，断块分割破碎，对于该区油气藏分割较强烈，油水关系复杂。

（2）主要断层的主要构造活动期与生油期的完美配合形成了油气富集带：东营组末期黄骅坳陷有一次大的构造运动，在形成一系列构造圈闭的同时也打开了岩性圈闭的油气运移通道，东营组末期又是沙河街组生油岩油气大量生成和聚集的时期，构造活动期与生油期的完美配合形成了港中–唐家河油气富集带。

**4. 晚期断裂构造活动强弱的不同控制了油气的再分布**

馆陶组—明化镇组时期港西断层、滨海断层、港东断层、G49 井断层等在古近系基础上再次活动，控制了该构造带油气的运移和油气的再分布：如南一——南六断块 bnⅣ—bnⅢ—bnⅠ 油层的油气分布规律性很强，bnⅣ 油气主要分布在西部南一断块，bnⅢ 油气主要分布在西部南一断块和中部南二断块、南三断块，bnⅠ 油气主要分布在中西部南三、南六断块。bnⅠ 油气在南一、南二断块分布很少，和港西及相邻断层后期活动油气发生再分布有关，港 293 断块东营组圈闭是晚期断裂活动油气运移的直接受益者。

（二）油气藏控制因素分析

**1. 构造对油气藏的控制作用**

（1）主要断裂控制圈闭形成与油气富集：北大港潜山构造带是一长期发育的古构造，夹持在歧口凹陷与板桥生油凹陷之间，是油气运移指向，其中港西断层、滨海断层、港东断层、G49 井断层是控制该构造带形成与发育的主要断层，港中地区为构造带轴部，这几条主断层两侧，由于断层活动强烈，三、四级断层多，断块圈闭发育，油气集中分布，含油层系多，油气富集程度高，其远离主断层的构造带翼部，由于构造活动强度较弱，断层较少，断块圈闭不发育，已经发现的油气藏含油层系少，油气富集程度低，而且主断层往往控制储层的沉积厚度，接近于主断层的根部储层较厚，也是油气富集高产区。如南一断块为一被港西断层、滨海断层夹持的鼻状构造，港西断层和滨海断层两大断层为该区油源断层，后期发育的一系列小断层，如 G304 井断层搭接到油源断层上，为该区油气进一步沟通起到非常重要的作用。

（2）主要断裂的活动期控制油气富集与分布层位：港中－唐家河地区处于长期发育的古构造轴部，主要断裂的主要发育期延续到新近纪，油气从古近纪生油层中运移到新近纪地层中，在其下降盘形成逆牵引背斜构造，使新近系油气富集程度变高，油气主要分布在背斜轴部塌落的地堑断块及两侧相邻断块内，属于逆牵引背斜控制的断块油气藏，如港东断层下降盘的马西油田及港西断层下降盘的港 293 井东营组逆牵引背斜油藏。而作为古近纪发育期的滨海断层，由于新近纪不再活动，没有发现油气藏，而对其两侧沙河街组时期形成的构造圈闭中油气保存条件较好。

**2. 岩性对油气藏控制作用**

（1）构造、沉积旋回与物源方向是油层组发育的主控因素：研究区分布在区域古湖湾沉积背景上，古湖湾在沙三段沉积末期，水体退缩，构造拱升，范围较广地遭受了不同程度的剥蚀，沙三段沉积与下覆地层呈不整合接触。进入沙二段沉积时期，湖盆下沉，水体不断扩大，从而使该湖湾又进入了一个区域性水进时期的沉积。其物源方向主要来自北东方向的燕山褶皱带，在沙二段沉积早期为能量较强的深水重力流水道砂体沉积。在水动力的继续推移下，该重力流水道沿湖湾水下水道向相对较远的港中地区延伸分布。受港西古潜山水下地貌的影响，水流能量骤然减弱，携带物迅速就地沉积，因此在港中地区沙二段 bn Ⅲ 油组沉积了水下重力流砂体。沙一段 bn Ⅰ 油组和 b₃ 油组本区为浅湖沉积环境，在沿岸湖和波浪作用下，形成了颗粒较细的沿岸砂坝沉积。构造运动与沉积旋回的频繁变化，使砂体纵向和平面上的变化形成多套储盖组合（即目前的多个油组）。根据储盖组合与油气分布情况把沙河街组纵向上分为 b₃、b₄、bn Ⅰ、bn Ⅱ、bn Ⅲ、bn Ⅳ、$Es_3^1$ 油组。各油组砂体分布及特征是港中开发区油气藏形成的主控因素之一。另外，不同物源控制各期砂体分布，油气富集程度不一样，如 bn Ⅰ 油组砂体受北东物源控制在港中开发区东侧砂体发育，也是 bn Ⅰ 油组油气主要分布区。

（2）砂体沉积主体是油层分布主控因素：沉积砂体主体具有砂层单层厚度大、纵向砂岩累计厚度大、物性好的特点。厚度大具有的圈闭空间大，闭合幅度就大，利于油气聚集。砂体主体部位粒级粗于侧翼，物性好于侧翼，有利于油气的渗流和聚集。如 b₃ 油组在南一断块分布有走向北西西向的继承性主体砂坝，受其影响，b₃ 油组油层在南一断块平均一类油层厚 13.4m。

（3）不同时期，不同位置的沉积砂体分布，具有不同的油层组合：各沉积时间单元沉积的砂体，在沉积空间位置上存在差异，导致相应砂体分布及油层分布具有明显差异。如 bn Ⅲ 油组底部油层集中，砂岩分布广泛导致油层分布广泛。bn Ⅰ 油组砂体主要分布在开发区东部，但受砂体分布控制，油层集中分布在东部。这些油层各自集中分布，且有各自的含油组合，使各个时间单元内的油层在平面上不能连片分布。

**3. 不同区块具有不同的油藏类型**

滨北断块断层少，构造清楚，呈西南向东北倾斜，而沉积砂体则由北东向南西展布，在构造背景上，砂层层层超覆，尖灭在不同部位上，形成了多油水系统的岩性油气藏组合。滨南断块断层发育，三、四级断层多达 51 条，且不同方向的断层相互切割，形成复杂的多断块圈闭，而沉积砂体与各个断块配合，形成多断块、多油水关系的断块油气藏，滨南断块油藏受构造和砂体双重控制。如南三断块的 Z6.69 井区，因为该区构造背景为斜坡，加之该区离港西凸起和北东向物源都较远，泥岩相对发育，所以该区主要发育岩性油气藏。而南五、南六断块区受到港东、滨海、G49 井、唐家河等断层的影响，该区构造比较发育，但是该区远离物源，储层不太发育，存在典型的泥包沙的特点，因此在该区主要为构造背景上的岩性油气藏。

# 二、油气储量复算

## （一）单砂体储量复算计算方法及参数选取

储量复算是油藏精细描述和剩余油分布研究工作的重要组成部分，也是进行方案调整和油藏动态评价的重要依据，同时为油藏工程研究以及量化剩余油潜力提供储量数据。结合本课题的研究内容，优选出富油气砂体，明确富油气砂体的分布范围，通过对单砂体的储量的计算，总结了富油气砂体的发育规律。

根据地质综合研究成果，以单砂体为计算单元针对北大港地区主要含油气层系，在确定单砂体含油气范围的基础上，利用容积法计算了各个单砂层的油气地质储量。

**1. 储量计算方法**

计算采用容积法（也称体积法）。其计算公式为

$$N=\frac{A \cdot h \cdot \varphi \cdot S_o \cdot P_o}{B_{or}} \qquad (2\text{-}4\text{-}1)$$

式中，$N$ 为石油地质储量，$10^4 t$；$A$ 为含油面积，$km^2$；$h$ 为有效厚度，$m$；$\varphi$ 为有效孔隙度，%；$S_o$ 为原始含油饱和度，%；$P_o$ 为原油密度，$g/cm^3$；$B_{or}$ 为体积系数，无量纲。

**2. 储量参数选取**

用容积法计算石油地质储量的参数由含油面积、有效厚度、有效孔隙度、原始含油饱和度、地面原油密度和体积系数 6 个参数组成。其中，单储系数 =（有效孔隙度 × 原始含油饱和度 × 地面原油密度）/ 体积系数，区域物性及油气特征可以通过取样获取，不同区块都有较为准确的取值。因此，储量复算重点考虑含油面积、有效厚度即可。

1）含油面积

含油面积是充分利用地震、钻井、地质、测井、试油试采、测压等资料，综合研究控制油水分布的地质规律。根据前面分析的本区油藏特点，确定油藏类型、油水界面、断层

或岩性尖灭位置，在单油砂体顶界微构造图的基础上圈定含油面积。结合大港油田原油储量计算规范，含油面积的圈定通常依据下面 4 条原则：

（1）原则上砂岩尖灭线确定在砂岩尖灭井向砂岩分布井井距的 1/3 处，井距较大时可从内部按趋势外推砂岩厚度等值线，从而确定砂岩尖灭线。

（2）受岩性油藏控制的油层，含油边界确定在油井至砂岩尖灭线距离的 2/3 位置。

（3）受构造控制的油层，油水界面清楚，严格按油水界面划分含油边界；油水关系不清楚的按实际井距之半划分含油边界。

（4）在构造较高部位的油水同层或水淹层，综合分析生产动态资料后判断是否将其圈定在含油范围之内。

2）有效厚度

油层有效厚度是指油层中具有产油能力部分的厚度，即工业油井内具有可动油的储集层厚度。通过岩心观察、测井解释等方法来判断可动油层，并且要经过试油，包括增产措施验证为工业油流。

在容积法计算储量时，有效厚度的可靠程度直接影响储量精确度。

本次储量计算遵循以下原则：

（1）二类厚度折半作为储量计算的厚度；

（2）对单井控制的含油气砂体，选取井点实际有效厚度作为储量计算厚度；

（3）对两口井以上控制的油砂体，选取井点实际有效厚度的算术平均值作为储量计算厚度。

（二）储量计算结果

北大港地区油气储量复算以开发单元为基础分油组进行，以单砂体为计算单元，采用容积法计算油气地质储量，共计算了北大港开发区 11 个开发单元 5 个油组 18 个小层共计 300 个单砂体储量。在此基础上，计算了分断块分油组的地质储量，总体控制了研究区主要含油砂体及储量，可以为后续的开发调整方案及新井实施提供储量依据。沙三段受地震资料品质影响，选取重点区块进行了储层研究及储量计算，总体控制油藏主要含油砂体分布，为后续的方案调整提供依据。

本区的天然气纵向上主要分布在 bn I 和 b$_3$ 层段，整体规模不大，气藏类型以气顶气为主，个别为岩性圈闭形成的独立气藏。

# 第五节 综合评价

## 一、研究思路与有利目标区认识

综合评价主要是综合现有构造、沉积、储层分布、含油分布和开发生产现状，在静态油藏认识的基础上，结合开发生产信息，动静结合以重点目标区重点油组为目标进行精细描述与综合评价，优选有利区带，实现指导油田精细高效开发。

通过对上述构造、沉积、储层、成藏及生产历史与现状分析综合分析取得如下目标认识，概括起来可以归纳为：两区、三带、四类重点目标。

两区：东西分区，西部是油气聚集区，东部为潜在含气远景区。研究区紧靠歧口主凹与歧北次凹两个生油凹陷，储层发育，油气丰富。早期过成熟的烃源岩，沿大断裂在西部构造高位聚集成藏，同时在东部相对低凹区，依然存在潜在的含气潜力区。从研究区内纵向含油气分布特征来看，含气层段重点集中在 bn Ⅱ 以上含油气层系，是下一步天然气上产增储的主体目标区。

三带：包括西北物源优势相带、北部物源优势相带和沿港东断层微断裂发育带。研究区内整体从底到顶经历了沉积物源的多次变迁，形成了东西分区带的沉积体系。在不同时期不同物源的主导下差异明显。但总体呈现出了两个条带的有利相带，也是储层集中发育的区带，加之靠近港东、港西断层一段微断裂发育，为油气聚集成藏提供了良好的运移条件，因此靠近港东、港西断层一段也是油气藏集中分布的有利区带（图 2-5-1）。

在两区、三带认识的基础上，通过对前人储量对比的研究，进一步落实了新增储量圈闭规模。在原始确定储量面积内，进一步落实了四类重点目标，包括：

（1）以南三 bn Ⅳ-3 油组 Z5-55 岩性目标为代表的井网加密目标；

（2）以南二 bn Ⅳ 油组 Z5-67 井区为代表的构造圈闭目标；

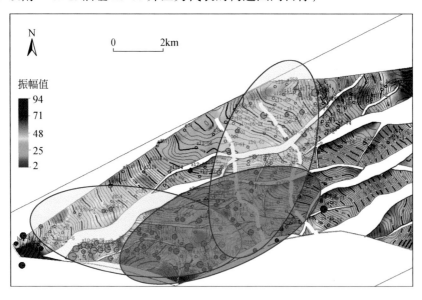

图 2-5-1　港中 - 唐家河地区 bn Ⅳ 油组综合评价图

（3）以南三 bn Ⅲ-3 油组 G6-59 井区为代表的滚动目标；

（4）以南三 bn Ⅲ 油组 Z7-73 井区为代表的潜在低阻目标。

在上述目标认识的基础上，结合主力单砂体描述结果及各砂层有利区认识，研究综合区内现有开发井累产油分布规律，进一步确定了研究区内有利区带的平面分布，为下一步开展井位部署及调整指明了方向。

图 2-5-2 为研究区内现在开发井累计产量分布与构造叠合图，综合 $Es_3^1$、bn Ⅳ、bn Ⅲ、bn Ⅰ以及 $b_3$ 等主力含油层系的单层有利区带分布规律，研究将有利目标进一步划分为三类。

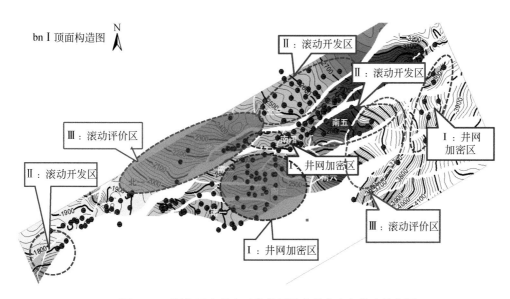

图 2-5-2　研究区内现在开发井累计产量分布与构造叠合图

Ⅰ类井网加密区：主要集中分布在港中油田主体区以及唐家河油田主体区。

Ⅱ类滚动开发区：主要集中在红湖地区、北三区、南五区。

Ⅲ类滚动评价区：主要集中分布在北一区、北二区以及港中唐家河油田衔接断裂破碎带。详见图 2-5-2。

具体分块目标优选建议见表 2-5-1。

表 2-5-1　分块目标优选建议

| 优选区类型油组 | Ⅰ类井网加密区 | Ⅱ类滚动开发区 | Ⅲ类滚动评价区 |
|---|---|---|---|
| $b_3$ | G28 井区，Z9-57 井区 | Z10-43 井区 | |
| bn Ⅰ | Z6-74 井区，Z8-63 井区 | 北三区 | |
| bn Ⅲ | G304 井区，G330 井区 | Z8-74 井区 | Z6-74 井区 |
| bn Ⅳ | G340 井区，G330 井区 | G382 井区 | G305 井区，Z4-75 井区 |
| $Es_3^1$ | bn81X1 井区 | | Z9-61 井区 |

## 二、重点区块综合评价与井位部署建议

研究区产能井网部署思路：整体部署、分块分阶段实施，改变以往零打碎敲的方法、老的布井思想，考虑大斜度井，分井型重组井网，注水开发，结合措施把储量动用起来。本着这一布井思路按照重点目标区块边研究边部署边实施的原则，分别在北大港重点区块开展了新一轮开发方案部署。

### （一）南一——南三的Ⅰ类井网加密区综合评价与井位建议

南一——南三开发区位于港中油田的核心区域，石油地质储量近 $2000 \times 10^4 t$，占据了整个港中油田的一半左右，其中仅南三区块的地质储量就有 $966.4 \times 10^4 t$，可采储量为146.6万 t，剩余可采储量约为 $85.6 \times 10^4 t$，具有较大的井网加密潜力。

该区位于研究区内南侧，北靠滨海断层，西临港西断层，南以港东断层为界，东至港中唐家河断裂破碎带，整体形态近似一个梯形结构。区内沉积主要来源于西部物源供给，其中区内中部为东西沉积体系的物源交会区，同时也是最靠近港东断层（油源断层）的有利目标区。

Z48-43-2井区位于南二断块内，该区内目前只有 7 口产油井，井网密度低。该区域在 bnⅢ早期属于河道砂体发育的优势相带区，储层厚度大，空变快，是早期研究井位调整的重点目标区。本次研究在新的构造认识基础上，进一步落实了 ZX9-47 井区以西小断层的存在，在新的构造圈闭的指导下，结合储层展布新的认识，沿着边研究边布井的研究思路，实时将研究成果快速转换到实际生产中，指导井位部署的调整，取得了很好的效果。

图 2-5-3 为 bnⅢ底部储层孔隙度分布预测结果。图中 Z8-43-3、Z8-43-5、Z9-48、ZX9-47、Z8-51-1、Z8-51-2、Z8-51-3 均为 2017 年实施的新建井网，其中红色井点为早期设计采油井，蓝色井点为设计注水井。

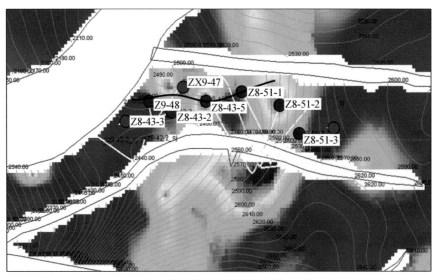

图 2-5-3　bnⅢ底部储层孔隙度预测平面分布图

从图2-5-4示连井对比剖面可以看出，Z8-43-3单井油砂岩厚度40多米，储层物性好，含油饱和度高，但同时也可以看出，不同井间砂体分布差异明显，与其相邻最近的Z8-47井则单井砂体厚度薄、物性差，反映出了明显的沉积差异。最终，通过综合测井、地震以及宏观构造及沉积演化规律研究获得了bnⅢ油组4套主力产层的含油砂体分布（图2-5-4）。

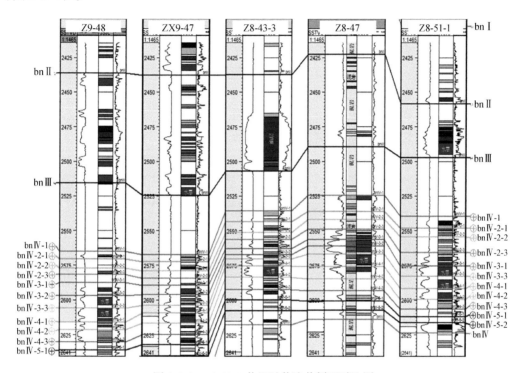

图2-5-4 Z8-43-3井组过井连井剖面对比图

图2-5-5为bnⅢ主力产层bnⅢ-5-2、bnⅢ-5-1、bnⅢ-2-3、bnⅢ-1-2小层微构造及含油砂体分布图。从主力产层的含油分布来看，Z8-43-3井组整体处于局部构造高点，以及岩性尖灭与断层封堵结合形成的有利圈闭中。整个bnⅢ油组底部含油相对富集，顶部含油面积变小。在综合bnⅢ油组构造及沉积砂体展布认识基础上，研究提出了针对该新井井组的开发建议：

（1）G342井从沉积以及储层物性方向与设计采油井连通性差，注水难以收效，不建议作为本井组注水井。

（2）Z8-51-2井和Z8-51-3井根据生产情况适当时机进行转注。

（二）中部岩性上倾尖带综合评价与建议

该区位于南一——南三开发区的中部，为bnⅣ油组上部的砂岩向港中鼻状构造上倾尖带形成的岩性圈闭（图2-5-6）。

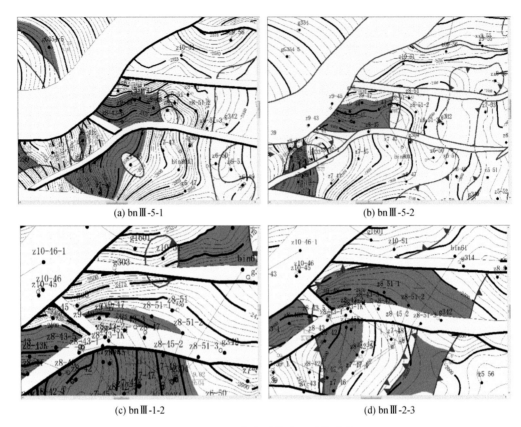

(a) bnⅢ-5-1

(b) bnⅢ-5-2

(c) bnⅢ-1-2

(d) bnⅢ-2-3

图 2-5-5  bn Ⅲ 主力砂体含油砂体分布图

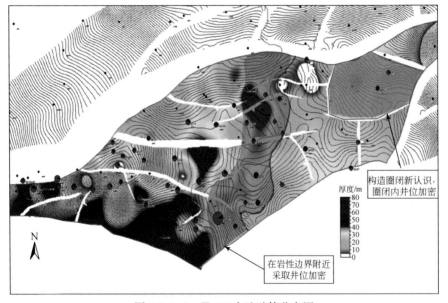

图 2-5-6  bn Ⅲ 5-2 含油砂体分布图

通过测井 – 地震 – 油藏的多学科综合研究，证实该区中部 bn Ⅳ 油组上部存在一个岩性变化带（图 2-5-7），从图中可以看出，尖灭线左侧开发井稠密；而其右侧开发井稀少，且产油能力较差，证明该尖灭线对 bn Ⅳ 油组上部油藏具有明显的控制作用。

基于已有的开发井网，在南一——南三区的岩性上倾尖线的西部，对原有的井网进行加密完善，可提高该区的采收率，提高产量。

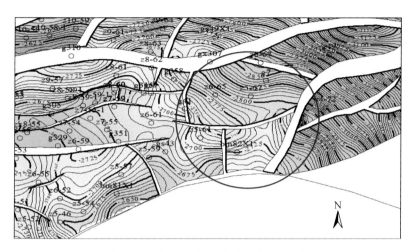

图 2-5-7　港 7 井区 bn Ⅳ 油组底界构造图

（三）东部港 7 井断块综合评价与建议

该断块位于港中油田南二断块东侧，是被滨海断层和其他 3 条小断层所夹持的断块构造，构造高点在断块西侧，该构造北临港中油田北二开发区块，南临港中油田南三开发区块，处于港中油田主体部位。主要目的层包括 $b_3$ 和 bn Ⅳ 两套油组，其中 bn Ⅳ 油层顶界高点为 2740m，幅度为 120m，面积为 $1.07km^2$，断块内钻遇Ⅳ油层的井有 G7 井和 Z5-67 井等。其南邻的南三区块含油面积为 $5.5km^2$，地质储量为 $966.4 \times 10^4t$，可采储量为 $146.6 \times 10^4t$，目前已采出 $61.0 \times 10^4t$，按此区 15.2% 的采收率计算，剩余可采储量约为 $85.6 \times 10^4t$，是港中油田区剩余可采储量最大的区块。

该断块目前针对 bn Ⅳ 油组的钻井较少，但位于该断块中部的 Z25-67 井和低部位的 G7 井均投产获得了工业油流。其中 Z5-67 井在 1974 年 bn Ⅳ 油组投产，一直产油到 1980 年，1988 再次打开 bn Ⅳ 油组，仍获得了最高近 20t/a 的产能。通过该断块钻探及开发数据证实该区满断块含油。该断块上，bn Ⅳ 油组中 5-67 井的高部位钻井稀少，构造条件好，储层发育，可进行第一轮开发方案部署。

北二——北三地区位于滨海断层以北，是区内目前开发程度最低的区域，目前总的地质储量为 $439 \times 10^4t$，含油层段主要集中在 bn Ⅰ、bn Ⅱ、bn Ⅲ、bn Ⅳ。从图 2-5-8 的产油井分布来看，北二——北三地区整体油井井网密度低，尤其是北二地区仅有少数采油井，井控程度低，具有滚动评价的潜力。

北二区与北三区构造位置处于北部斜坡带，整体构造相对简单。该区域沉积相相对复杂，不同层系所处相带差异明显，为东西部沉积物源的交会处，整体储层物性相对较差。

bn Ⅳ主要发育靠近扇端的前缘沉积，沉积砂体粒度细，砂体薄，物性相对较差，在断层沟通油源的局部岩性圈闭中，存在一定规模的储量分布，整体含油丰度低，可采储量相对较低。bn Ⅲ以北部远物源的三角洲沉积为主，在北三地区储层分布相对发育（图2-5-9），物性相对较好，是该区油气有利分布区。同时，从 bn Ⅰ的储层分布来看，北三地区储层相对较好，同样也是非常有利的目标区。建议兼顾 bn Ⅰ、bn Ⅱ、bn Ⅲ含油气叠合有利位置开展井位部署，详见图2-5-9港中–唐家河地区主力砂体微构造及油砂体分布图。

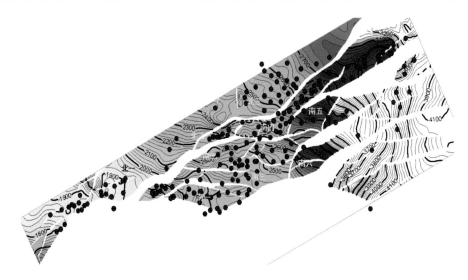

图2-5-8　研究区内现有开发井累产油分布与构造叠合图

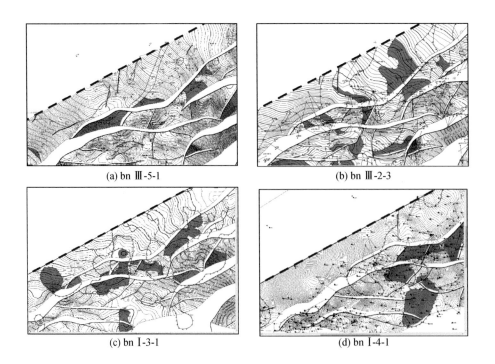

(a) bn Ⅲ-5-1　　　　　　　　　　　　(b) bn Ⅲ-2-3

(c) bn Ⅰ-3-1　　　　　　　　　　　　(d) bn Ⅰ-4-1

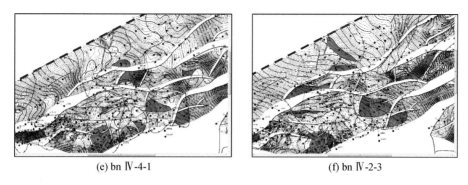

(e) bn Ⅳ-4-1　　　　　　　　　　　　　　(f) bn Ⅳ-2-3

图 2-5-9　港中 – 唐家河地区（北二—北三）主力砂体微构造及油砂体分布图

# 第三章　测井地震联合油藏监测识别技术

## 第一节　研究思路及关键技术

准噶尔盆地西北缘风城油田浅层稠油油藏已开展了蒸汽辅助重力泄油（steam assisted gravity drainage，SAGD）。

生产初期进行了地面微震监测和蒸汽腔的发育描述，同时对试验区进行了储层构型研究和隔夹层的精细刻画，但是难以满足新疆浅层稠油"十三五"产量达到 $440 \times 10^4$t 以上的生产目标。

蒸汽辅助重力泄油，是开发超稠油的一项前沿技术，是一种将蒸汽从位于油藏底部附近的水平生产井上方的一口直井或一口水平井注入油藏，被加热的原油和蒸汽冷凝液从油藏底部的水平井产出的采油方法。SAGD 具有高采油能力、高油气比、较高最终采收率及降低井间干扰、避免过早井间串通的优点（图 3-1-1）。

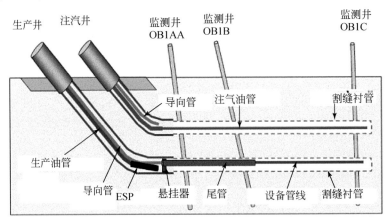

图 3-1-1　SAGD 采油方法示意图

目前蒸汽腔前缘监测技术还不能完全满足极浅层稠油开发的要求，为了配合稠油增储上产的需求，需要进一步探索和攻关地震勘探浅层稠油油藏空间形态雕刻技术。本次研究以风城油田重 18 先导试验区为依托开展研究，先导试验区位于风城油田南部，如图 3-1-2 所示。研究目标层系为齐古组 $J_3q$，自下而上分为 $J_3q_1$ 段、$J_3q_2$ 段、$J_3q_3$ 段三个砂层段。目标层系为 $J_3q_3$ 段，埋深为 426 ～ 435m，地层厚度为 30 ～ 39m，地层倾角为 5° ～ 8°；沉积相为辫状河沉积，沉积物源来自研究区北部，早期为河床滞留沉积，中期为河道及心滩坝沉积，晚期沉积了河漫滩泥质粉砂和泥岩；岩性主要为中细砂岩，顶底发育砂砾岩和泥岩，孔隙度为20.9%～33.6%，平均为28.6%；渗透率为58～2999mD[①]，平均为877mD；含油饱和度为45%～73.2%，平均为58.6%；隔夹层全区发育，岩性以泥岩和钙质砂岩为主，垂向上多期叠置，继承性差，平面发育规模较小，且连续性差。

试验区油藏类型为稠油油藏，原油密度为0.9642g/cm³，先期试验区内有三口井，分别为F3058井、F3060井和Z10井，Z10井50℃地面脱气原油黏度为36600～41421mPa·s，原油黏度对温度反应敏感，温度每升高10℃，黏度降低50%～70%。油藏中部深度430m处地层温度为22.3℃，地层压力为4.1MPa，压力系数为0.94。为提高单井产能，采取了蒸汽辅助重力泄油实验，井区内有5个双水平井井组，水平段长度约为500m，水平井井距约为90m，水平井垂深为430～440m，水平井对垂向距离为5～6m，井区范围约为750m×1000m。

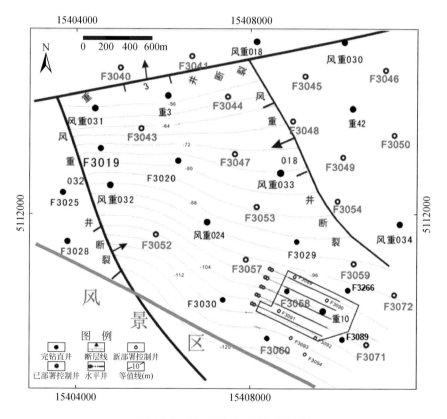

图 3-1-2　重18先导试验区位置图

目前重18先导试验区与周围的重32、重37先导试验区相比产量偏低，先前地震数据的分辨率较低，采集时间较早不能反映蒸汽腔的发育情况，并且先前对蒸汽腔和隔夹层

① 1D=0.986923×10⁻¹²m²。

的描述精度已经不能完全满足极浅层稠油开发的要求，为了配合稠油增储上产的需要，需进一步探索和攻关利用地震勘探方法进行浅层稠油油藏空间形态雕刻的技术，提高蒸汽腔前缘监测技术的成功率。为解决生产上的技术难题，在准噶尔盆地风城油田重 18 先导试验区开展 1km² 井地联合监测地震勘探试验，并开展配套技术研究。

本次井地联合地震勘探针对 $J_3q_3$ 浅层目标体，埋深 426 ～ 435m，对 SAGD 井组水平段进行观测。针对该地质目标，制定研究方案的总体思路如下，技术流程如图 3-1-3 所示。第一，在重 18 先导试验区进行宽频高密度地震资料采集；第二，进行相对保持提高分辨率处理；第三，在地震构造解释的基础上开展蒸汽腔敏感属性研究和地震反演研究；第四，综合地震属性、油藏模型和地震反演，以开发动态为验证描述蒸汽腔的分布情况；第五，在此基础上预测剩余油气的分布。通过以上研究路线完成了蒸汽腔分布范围的雕刻，这种井震联合多角度多学科的油藏监测技术手段，对油藏开发具有十分重要的指导意义。

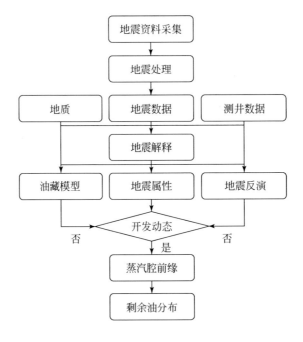

图 3-1-3　测井地震联合油藏监测识别技术流程图

## 第二节　测井地震联合油藏监测采集技术

本次测井地震联合地震监测选择重 18 先导试验区中 5 组水平井（FHW211、FHW212、FHW213、FHW214、FHW215）作为目标，对其水平段进行联合监测。根据地质任务的要求，结合工区的地震地质条件认识，形成了测井地震联合地震监测采集技术。

## 一、井地联合微震监测采集方案设计技术

### （一）总体设计思路

按照地面、浅井和深井同时接收的测井地震联合监测采集方式，形成总体设计思路如下：

（1）采用地面、浅井和深井联合接收的方式进行观测（图3-2-1）；

（2）地面观测采用小面元、高覆盖、全排列接收的观测系统方式，提高资料的信噪比和分辨率；

（3）浅井观测采用三分量检波器，高速层中接收，范围覆盖 SAGD 井组水平段；

（4）深井观测利用工区内已钻井位，采用 VSP 检波器进行接收；

（5）采用单台震源宽频激发、单点宽频接收，提高地震资料分辨率及保真度。

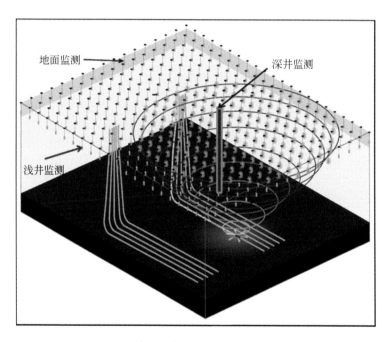

图 3-2-1　井地联合地震与微地震采集示意图

### （二）具体观测方案

根据总体设计思路，经过多轮次分析论证，确定了测井地震联合观测采集方案，具体采集参数见表 3-2-1 和表 3-2-2，井地联合观测理论炮检点分布见图 3-2-2。

## 二、浅井接收野外静校正计算技术

本次井地联合数据采集过程中，浅井采用的是三分量检波器进行接收。因此浅井检波

器除接收纵波反射信息外，还接收了横波反射信息。在进行静校正计算的过程中，横波单炮记录存在初至波起跳不干脆，无法准确进行拾取的特点（图 3-2-3），导致无法通过直接拾取初至波进行横波野外静校正量的计算工作。

**表 3-2-1　井地联合采集观测系统参数一览表**

| 观测方案 | 方案 | | |
|---|---|---|---|
| | 地面接收 | 浅井接收 | 深井接收 |
| 面元大小 | 5m×5m | 10m×5m | 采集时，选择 F3090、一口井利用 VSP 检波器深井中接收 |
| 道距 /m | 10 | 20 | |
| 接收线距 /m | 30 | 60 | |
| 接收线条数 | 23 | 11 | |
| 单线道数 | 32/40/48 | 12/16/20 | |
| 总道数 | 1024 | 200 | |
| 炮点距 /m | 10 | 10 | |
| 炮线距 /m | 40 | 40 | |
| 炮排数 | 23 | 23 | |
| 单线炮数 | 116 | 116 | |
| 总炮数 | 2668 | 2668 | |

**表 3-2-2　测井地震联合采集激发参数一览表**

| 震源型号 | 震源台数/台 | 震动次数/次 | 震源组合基距/m | 扫描类型 | 扫描起止频率/Hz | 扫描长度/s | 驱动幅度/% |
|---|---|---|---|---|---|---|---|
| BV-620LF | 1 | 1 | — | 线性 | 1.5～120 | 20 | 60 |

　　针对浅井接收横波原始资料的特点，确定了横波静校正量的计算方法。即根据 VSP 测井得到的纵波与横波速度大小，通过乘幂拟合曲线，得到纵波与横波的关系公式（图 3-2-4），由初至折射法求得纵波速度，再根据曲线得到横波速度，带入静校正计算公式求取横波静校正量。该方法有效解决了横波资料无法准确拾取初至而造成折射静校正量无法计算的问题。

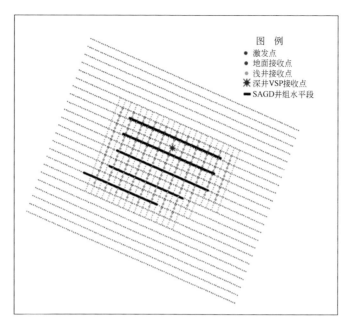

图 3-2-2　井地联合观测理论炮检点分布图

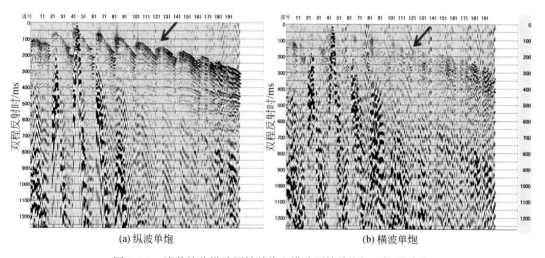

(a) 纵波单炮　　　　　　　　　　　　　　　　(b) 横波单炮

图 3-2-3　浅井接收纵波原始单炮和横波原始单炮初至情况对比

# 三、采集效果分析

## （一）原始单炮记录分析

在研究区内选取 3 个位置单炮进行分析，具体位置见图 3-2-5。

根据原始单炮记录及其低通、带通滤波记录可以看出，单炮信噪比较高，可见目的层连续反射信息。总体上来讲，研究区由东向西资料品质呈现逐渐变好的趋势，具体见图 3-2-6 ～图 3-2-8。

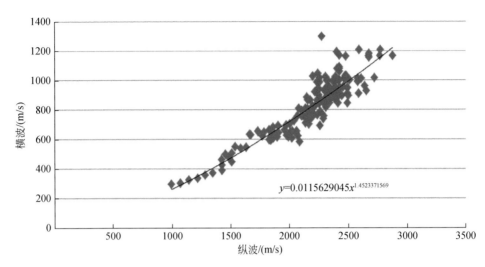

图 3-2-4 浅井接收纵波和横波乘幂拟合曲线及关系式

$y=0.0115629045x^{1.4523371569}$

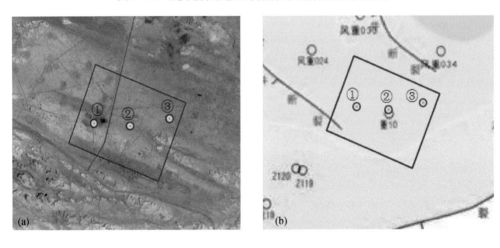

图 3-2-5 单炮分析位置图

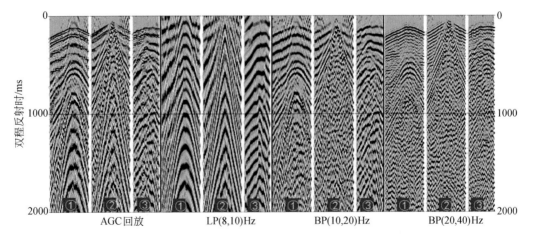

图 3-2-6 重 18 先导试验区井地联合监测单炮分析（一）

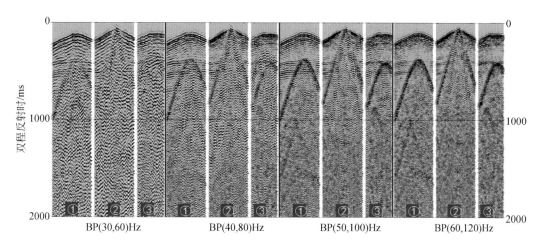

图 3-2-7　重 18 先导试验区井地联合监测单炮分析（二）

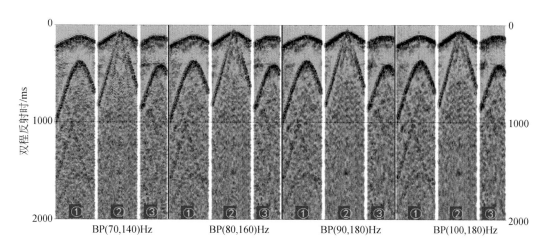

图 3-2-8　重 18 先导试验区井地联合监测单炮分析（三）

## （二）VSP 道集分析

### 1. 零井源距道集分析

观测井段：20 ～ 450m；井源距：40.89 m。从不同分量道集记录看，井下 $Z$ 分量初至波起跳干脆，反射波波组特征明显，连续性好，在道集记录上清晰可见，并且信噪比高。具体见图 3-2-9。

### 2. 生产炮 VSP 记录分析

总体初至波起跳干脆，可准确读取初至时间，反射能量强，同时各主要目的层反射波组特征清晰，连续性好，分辨率较高，资料品质好，可以用来提取多项地球物理参数。具体见图 3-2-10。

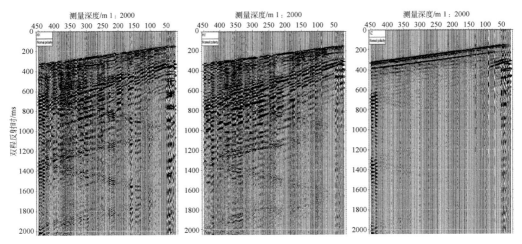

图 3-2-9　重 18 先导试验区井地联合监测零井源距 VSP 不同分量道集对比分析

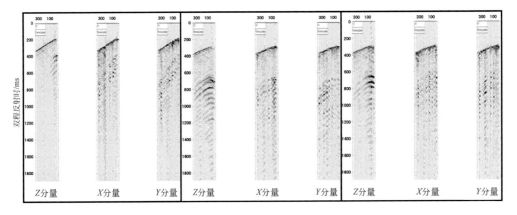

图 3-2-10　重 18 先导试验区井地联合监测井地联合监测 VSP 记录对比分析

（三）现场叠加剖面分析

研究区内满覆盖剖面与 2007～2008 年连片三维联络线方向 PSTM 剖面位置相当，通过图 3-2-11 所示对比可见两条剖面对构造总体特征的反映一致，（a）图为偏移成果剖面，

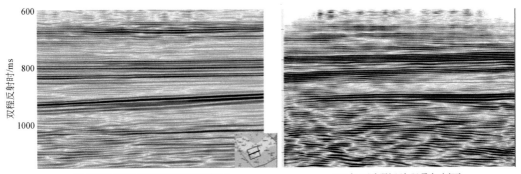

(a) 以往三维叠前深度偏移成果剖面　　　　　　(b) 本工区现场处理叠加剖面

图 3-2-11　新老剖面对比分析图

（b）图为现场叠加剖面。主要目的层侏罗系上部及以上地层的反射特征反映新剖面明显优于老剖面，信噪比和分辨率更高。

从现场叠加剖面分频扫描（图 3-2-12）看，主要目的层侏罗系顶部及以上地层频率较高，可以达到 100Hz，目的层以下地层因为排列长度短成像效果欠佳，频率由浅至深降低。

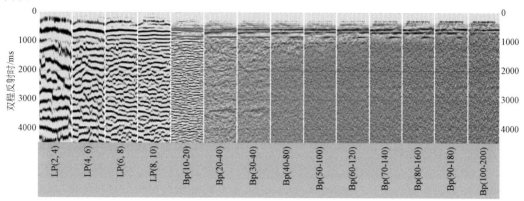

图 3-2-12　现场剖面频率扫描图

总体来讲，现场处理叠加剖面主要目的层侏罗系齐古组及以上地层反射特征清楚、明显，频率和信噪比都比较高，层系内部关系以及层位展布特征清晰，表明野外采集获得了较为理想的地震数据。

# 第三节　测井地震联合油藏监测处理技术

形成相对保持储层信息的高分辨率处理技术系列，为油藏描述提供高精度的地震资料是本次资料处理的目标。本次研究的地质任务是重点落实目的层侏罗系齐古组齐 3 砂层组（$J_3q_3$）的发育特征和地层展布特征。资料处理要为实现对蒸汽腔前缘识别和油藏剩余油分布预测提供高精度的地震数据，为开展叠前、叠后储层预测提供可靠的地震处理成果，并形成浅层稠油预测地震资料关键技术系列，为类似或有潜力的勘探区开发积累技术经验。

本次采集的数据有地面 1024 道数据、地面 200 道数据、浅井 200 道三分量数据和全方位的 VSP 数据等。处理设计之初就要求特别注意考察几套数据的优势，增加对目标体的预测精度。同时，通过对比分析不同采集方式的数据应用效果，以指导未来采集工作的开展。

研究区地震数据处理面临的问题主要是目标层较浅，目的层地震资料对速度比较敏感，低频信息对稠油预测非常重要，准确预测又需要较高的分辨率和高精度的成像信息。

地震处理关键技术是采用小面元（和采集设计一致，也是采集设计目标考虑的）聚焦成像，精选静校正方法解决近地表影响，采用保持储层信息的压噪和补偿技术提高资料信噪比，利用统计反褶积和低频增强技术保护低频、拓宽频带、提高高频成分，通过剩余静校正和速度分析迭代提高速度分析精度，同时注意每一步的严格质控。

地震处理技术思路是：针对研究区地震地质特点和任务，首先完成对研究区三维原始采集资料的质量分析与评价，确定合理处理流程和处理参数；开展多种静校正方法相结合的静校正技术研究，消除近地表对储层成像影响；在相对保持储层信息的前提下，通过多种方法联合去噪，提高资料的信噪比；采取保护低频并拓宽频带方法利用好宽频震源资料，在此基础上完成相对保持叠后/叠前时间偏移处理及相应的地质评价研究，为构造解释和储层预测提供良好的资料基础。

主要关键处理技术有：三维静校正技术、时频域球面发散与吸收补偿技术、相对保持提高分辨率处理技术、低频保护技术、剩余静校正与高精度速度建场技术和叠后/前时间偏移成像技术。

相对保持储层信息的提高分辨率处理流程如图 3-3-1 所示，其中右侧部分为数据处理流程，左侧方框展示相应的处理技术监控关键点。该处理流程的主要特点是注重处理过程中的质量监控和定量分析，以确保处理流程和处理参数的正确性，使最终成像结果满足相对保持储层信息和提高成像分辨率的要求。同时，由于本地区特殊的地震地质条件和目标要求，本处理流程特别注重基准面静校正处理、叠前去噪、高精度速度求取、拓宽频带信息、叠前时间偏移成像等技术研究。

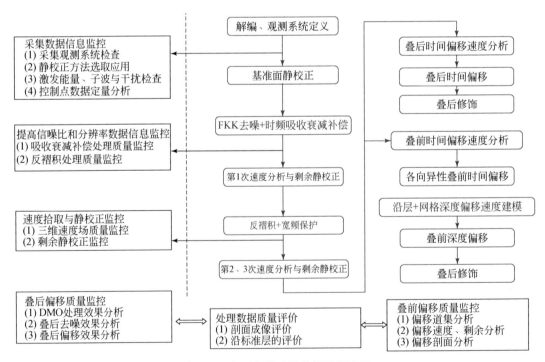

图 3-3-1　相对保持地震数据处理流程

DMO= 倾角时差校正；FKK= 三维时间空间傅里叶变换

## 一、静校正方法分析

在复杂地表地区的地震勘探中，近地表静校正量求取的准确与否极大地影响着叠加剖面的成像效果和构造形态。在近地表比较简单的地区，不同静校正方法对成像精度的影响程度也有所差异。因此，对现有的静校正方法进行试验并选优应用。

本次主要对高程静校正、模型静校正、折射波静校正和层析静校正四套基准面静校正方法求取的静校正结果开展了评价。通过静校正应用后的控制点炮集数据、共偏移距道集、共中心点道集和叠加剖面的对比分析等确定更合理的基准面静校正方法。图 3-3-2 和图 3-3-3 给出了四种不同静校正方法的静校正量对比结果。其中，图 3-3-2（a）是炮点静校正量，图 3-3-2（b）是检波点静校正量，对比上可以看出不同静校正方法求取的静校正

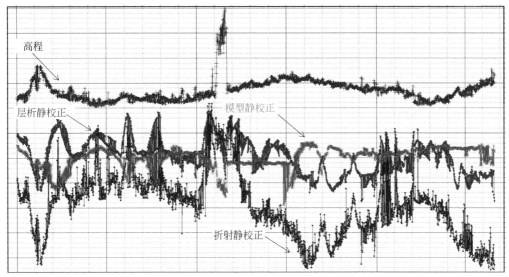

(a) 炮点静校正量放大

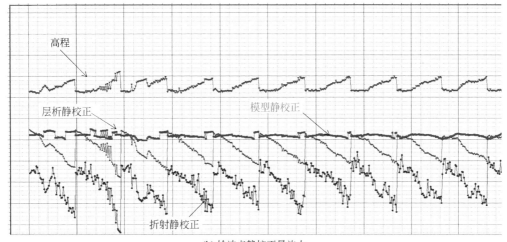

(b) 检波点静校正量放大

图 3-3-2　不同静校正方法的对比分析

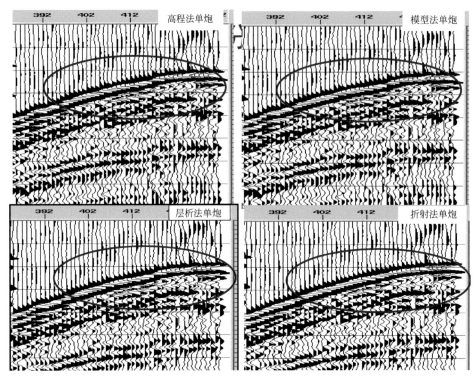

(a) 不同静校正方法炮集应用对比

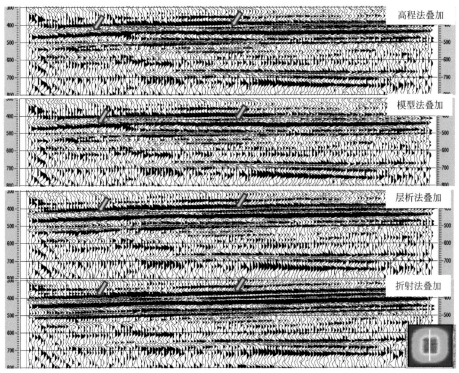

(b) 叠加效果应用对比

图 3-3-3　不同静校正方法炮集应用和叠加效果应用对比

量趋势基本一致，高频信息有所区别。图 3-3-3（a）和图 3-3-3（b）分别是不同静校正方法应用后的控制点炮集和叠加剖面，从点炮集初至校正后的平滑程度和对目标层成像的同相轴聚焦程度分析来看，层析法和折射法更优。但是综合分析认为，折射波静校正方法对本区块资料成像效果更有效，可以作为本次解决静校正问题选取的方法。

## 二、时频域球面发散与吸收补偿技术

时频域球面发散与吸收补偿技术通过在时间频率域对地震数据的分解与重构，拟合求取不同频率的吸收衰减曲线。以模型炮为参考，可以较好地实现时频空间域内逐点补偿大地吸收衰减的影响，理论数据和实际数据验证表明，该方法具有较好的相对保持振幅的能力，满足提高成像分辨率和相对保持储层信息的要求。

图 3-3-4 是本次资料"时频补偿"后的处理效果分析。通过对比处理前后的空间激发能量、激发子波、控制线炮集自相关、控制点道集和频谱分析可以发现，经过时频空间域球面发散与吸收衰减补偿处理后，无论从单炮上看，还是从叠加剖面上看，在时间和空间方向上振幅和频率都更加均衡；从空间能量、子波类型以及沿炮线的炮集自相关来看，由空间到点的数据一致性得到了明显的改善，频率有一定的提升，面波干扰也得到较好的压制。整体上，资料品质得到较大的改善，但是虚反射的压制和子波的压缩需要反褶积来完成。

## 三、提高分辨率技术

地震勘探分辨率决定着地震勘探的能力与精度，提高地震分辨率一直是地震勘探技术发展不断追求的目标。针对宽频资料，保护低频、拓宽频带是资料处理中的重点。而本区低频信息对稠油信息更为敏感，保护低频显得更为重要。

提高主频、拓宽频带可应用常规多道统计反褶积通过压缩子波、压制虚反射和子波旁瓣来实现。书中通过炮点和检波点反褶积，并调整预测步长和算子长度达到提高资料分辨率的目的。图 3-3-5 是这次反褶积应用后的相关效果图，与图 3-3-4 所示反褶积前的数据对比可以发现，经过反褶积处理后，子波类型、炮集信号子波、频谱和叠加后同相轴等都得到了较好的改善。拓宽低频实际是通过保护或恢复数据中的低频成分来实现，对时频补偿处理保留的低频信号进一步增强，增强低频处理采用了东方地球物理公司研制的基于数据的自适应低频保护算法，处理效果见图 3-3-6。

## 四、剩余静校正与高精度速度分析

速度和精度是提高成像分辨率的重要因素。本次速度分析通过逐步加密速度拾取网格，放大速度拾取点（图 3-3-7），并通过 3 ～ 4 次的剩余静校正迭代来提高速度分析的精度和准确度，最终满足地质解释的需求。

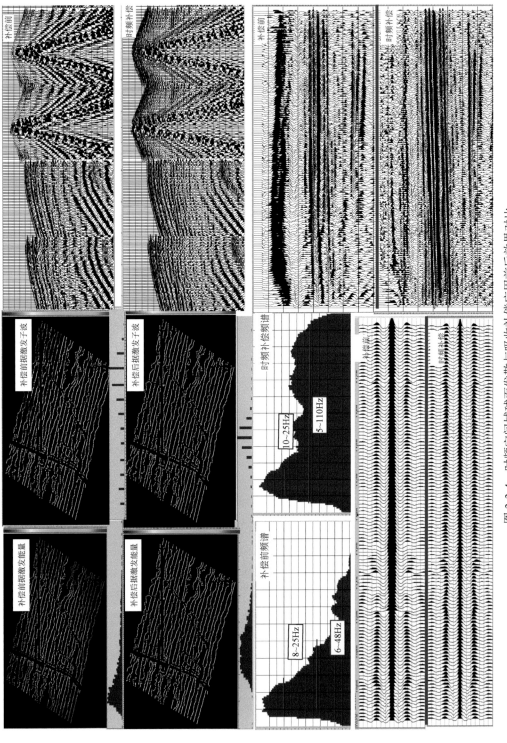

图 3-3-4　时频空间域球面发散与吸收补偿应用前后效果对比

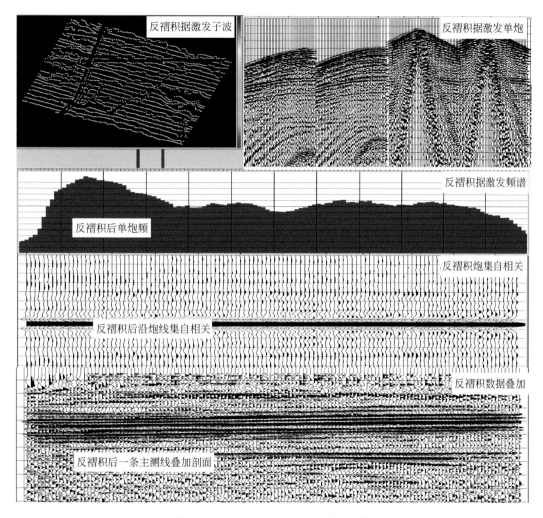

图 3-3-5　两步法反褶积应用后控制图件

## 五、叠后 / 前时间偏移成像技术

在提高速度分析精度的基础上，叠后时间偏移采取高精度的全三维波动方程有限差分偏移算法。叠前时间偏移通过基于叠加速度的反动校正拾取、垂向拾取和沿层拾取来获得均方根速度，使用基尔霍夫积分法成像（图 3-3-8）。从偏移成像效果来看，由于本次成像范围较小，在中间满覆盖部分，叠后和叠前时间偏移成像效果相当。但在边界部分，由于算法本身的原因，叠前时间偏移有画弧现象，成像精度不如叠后时间偏移结果（图3-3-9）。

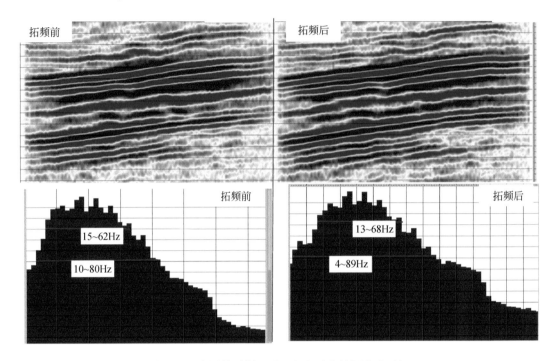

图 3-3-6　应用前后剖面（上）和对应的频谱（下）

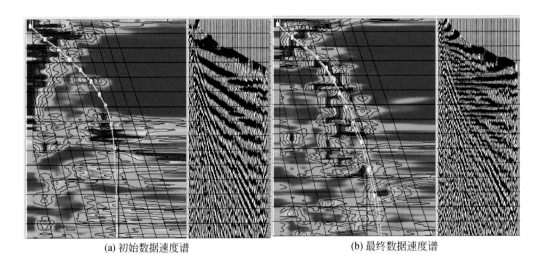

(a) 初始数据速度谱　　　　　　　　(b) 最终数据速度谱

图 3-3-7　速度拾取

图 3-3-10 给出了偏移结果和测井地质层位的对应响应关系。可以看出，在目的层 $J_3q_3$ 层位（红线）上，水平井与地震偏移剖面上同相轴的能量强弱有很好的响应关系，对蒸汽腔的预测有很好的地震揭示作用。

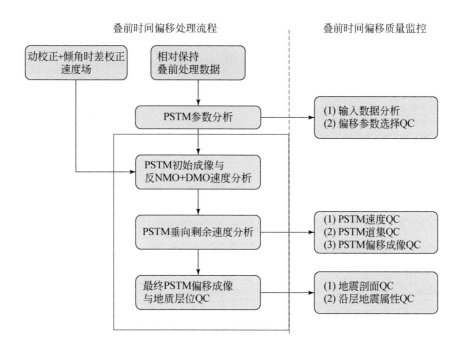

图 3-3-8　叠前时间偏移速度建模流程

NMO= 动校正；DMO= 倾角时差校正；PSTM= 叠前时间偏移；QC= 质量监控

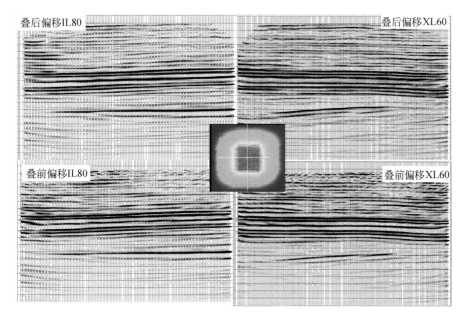

图 3-3-9　叠后 / 叠前时间偏移

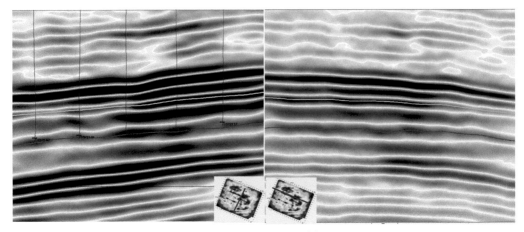

图 3-3-10　过井偏移成像剖面

## 六、新老数据分析

对以上地面 1024 道地震数据、地面 200 道地震数据和浅井 200 道地震数据的相对保持储层信息处理结果进行了对比分析。

本次处理的地震数据主频为 40Hz 左右，老数据为 30Hz 左右，从新老数据的频谱对比（图 3-3-11 右）看，本次处理后的资料频带更宽。从地震剖面（图 3-3-11 左）来看，本次处理地震数据的纵向分辨率与老数据相比明显提高，且同相轴的连续性较好。

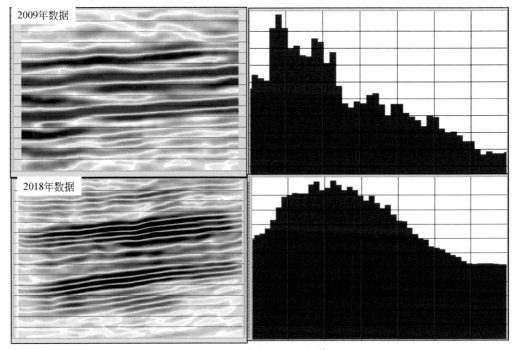

图 3-3-11　新老数据剖面和频谱对比

从新老数据属性对比（图3-3-12）看，本次处理地震数据振幅属性比老数据振幅属性的横向分辨率更高，并且振幅属性沿水平井明显增强。

从地面1024道地震数据、地面200道地震数据和浅井200道地震数据对比剖面来看，三套数据的纵向分辨率和地层产状基本一致，浅井采集资料的分辨率在三者中稍高。仔细分析发现地面1024道地震数据的低频信息最为丰富，有利于对蒸汽腔的研究（图3-3-13）。

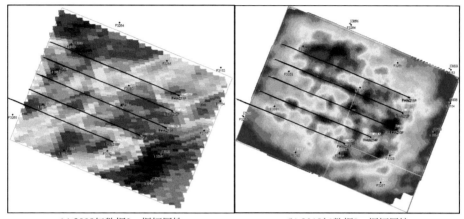

(a) 2009年数据$J_3q_3$振幅属性　　　　　　(b) 2018年数据$J_3q_3$振幅属性

图3-3-12　新老数据振幅属性对比

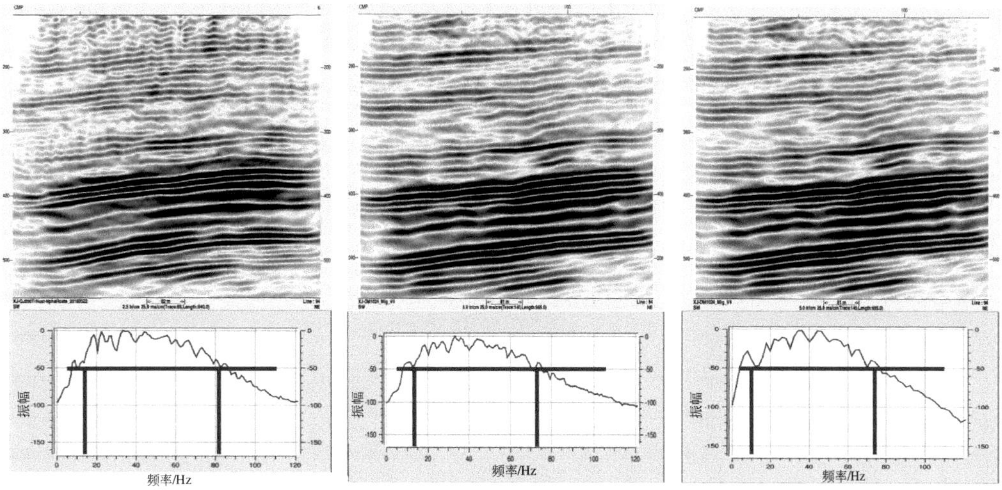

(a) 浅井200道　　　　　(b) 地面200道　　　　　(c) 地面1024道

图3-3-13　新数据剖面及频谱对比

图3-3-14给出了地面200道、浅井200道和地面2014道采集方式得到的数据地震成像和沿目标层的振幅属性，对比表明浅井200道数据对稠油地震反映更明显。

分析认为，浅井采集方式一定程度上避开了近地表造成的吸收衰减影响，所以频率稍高。而地面1024道采集使用5m面元（比浅井的10m面元小），1024道接收（比地面200道接收范围大），使得目的层同相轴成像更连续，反映井上开采开发特征的蒸汽腔特征更明显。

通过以上井震联合的地震数据处理，得到的地震数据与蒸汽腔响应关系反映明显，有助于蒸汽腔的研究工作。研究中使用的关键技术、流程和思路对类似研究区有较好的参考价值和推广潜力。

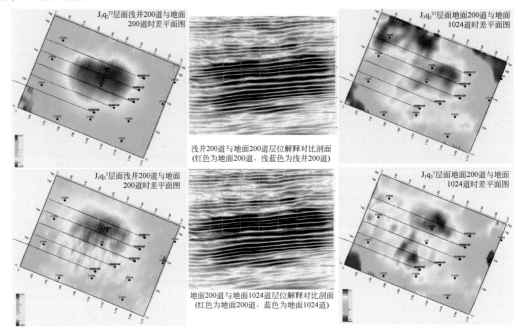

图 3-3-14　三种采集方式资料偏移成像及沿层（红线）属性分析

# 第四节　测井地震联合蒸汽腔描述技术

蒸汽辅助重力泄油（SAGD）技术是国际上超稠油油藏开发的一项成熟技术（李巍等，2016），蒸汽腔监测技术能够为稠油开发方案的制定提供依据，有效改善蒸汽腔的发育程度，目前主要采用理论推导、数值模拟、SAGD 生产过程中地层压力和温度变化、微地震和四维地震来监测蒸汽腔发育情况（陈小宏和牟永先，1998；陈雄等，2016）。利用理论推导、数值模拟和 SAGD 生产过程中地层压力、温度变化来预测蒸汽腔有一定的局限性，它们是通过数值模拟预测蒸汽腔空间形态，存在较大的误差。微地震和四维地震能够直接刻画蒸汽腔的空间形态，但是微地震监测存在岩石破裂产生信号微弱和环境噪声较强的问题，影响了蒸汽腔监测的效果，而四维地震监测的成本较高。为了更加精确有效地监测蒸汽腔的发育情况，本次基于宽频高密度地震资料和动态开发数据进行蒸汽腔空间形态的雕刻。

油藏开发过程中流体变化与地震信号变化存在一定的关系（Nur，1987；李春霞等，2016）。因此，经过多年热采的油藏，被蒸汽扰动过的痕迹能够由地震监测到，地震响应的变化主要来源于三方面：一是温度变化，温度升高导致整个油藏体系产生热膨胀，岩石骨架、孔隙等也随之发生细微的变化；二是流体置换，蒸汽扰动过的区域，孔隙中的部分稠油被热水或蒸汽取代，油藏压力会发生变化；三是储层物性变化，储层岩石骨架结构随着蒸汽的扰动发生变化，骨架所承受的有效压力随之改变，储层物性也会发生变化。所以综合利用地震、测井、地质和动态开发数据可预测蒸汽腔的空间分布状况。

## 一、蒸汽腔岩石物理分析及地震正演

研究区储层砂岩的速度和密度要比泥岩和砾岩低，如图 3-4-1 所示。声波曲线显示，砂岩速度最低，泥岩速度略高于砂岩，砾岩速度明显增高，密度曲线与声波曲线显示的规律一致，因此储层砂岩为低阻特征，泥岩和砾岩为高阻特征。

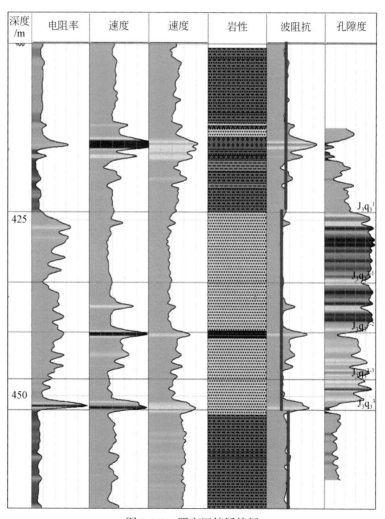

图 3-4-1　研究区储层特征

本区油藏经过多年热采，被蒸汽扰动过的痕迹能够被地震监测到，通过前人研究成果得知，砂岩速度会随温度的升高而降低，不同含油饱和度砂岩的速度都会随温度的上升而降低，并且含油饱和度越高速度的下降趋势越快，研究区注入蒸汽温度为210～280℃，当蒸汽腔形成后，速度的下降幅度达到 25% 以上。蒸汽扰动过的区域，孔隙中的部分稠油被热水或蒸汽取代，密度也会随着蒸汽的注入不断降低。根据研究区的地震情况，当孔隙全部注入蒸汽后，密度的下降幅度达到 13%。因此，蒸汽腔发育区的速度和密度会明显降低，波阻抗也会明显降低，形成较强的反射系数，从而在地震上表现为强振幅的特征，速度的降低会影响双程反射时，在蒸汽腔发育区地震同相轴会有下拉的趋势。

通过以上认识进行地震正演，验证岩石物理分析结果，根据本区实际钻井的情况建立正演模型，如图 3-4-2 所示。砂岩储集体的速度为 2600m/s，研究区岩性以砂岩和泥岩为主且泥岩速度略高于砂岩，假设砂岩储集体中存在泥岩和蒸汽腔两种情况，图中左侧两个异常体为泥岩，右侧两个异常体为蒸汽腔，泥岩速度分别设为 2400m/s 和 2800m/s，密度设为 2.3g/cm³，蒸汽腔的速度设为 1800m/s 和 1600m/s，密度设为 2.1g/cm³。

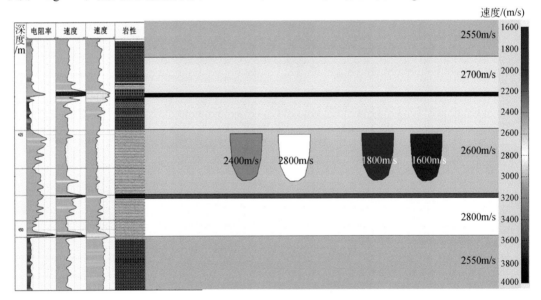

图 3-4-2　正演模型参数图

从正演结果看出，蒸汽腔发育区同相轴振幅明显增强，如图 3-4-3 所示，地质因素引起的变化比较微弱，且蒸汽腔发育区的同相轴有明显的下拉趋势，地震的双程反射时增长，这与岩石物理的分析一致。在地震剖面上看 SAGD 水平井处，如图 3-4-4 所示的黄框区域，水平井处同相轴振幅存在明显增强的现象，并且水平井处同相轴有下拉的趋势，目的层上部和下部则不存在这种现象，这与正演结果一致，也验证了岩石物理分析结果和正演的准确性，同时也确定了蒸汽腔的大致分布范围，便于利用地震资料对蒸汽腔进行更加精细的刻画。

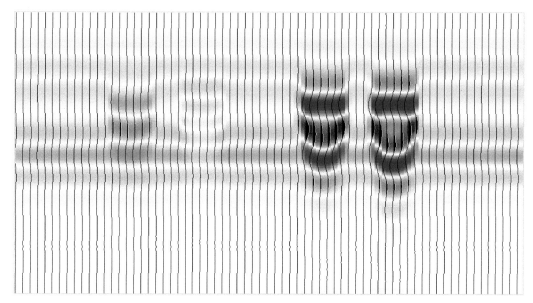

图 3-4-3　正演模拟结果

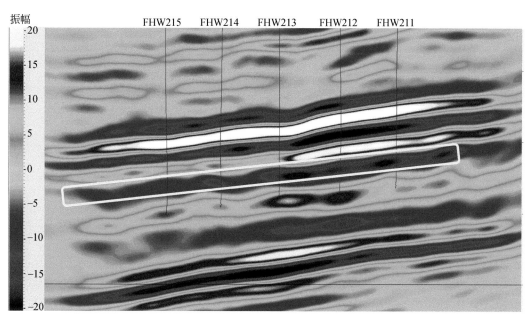

图 3-4-4　垂直水平井地震剖面

## 二、蒸汽腔敏感属性分析技术

蒸汽腔敏感属性分析技术的目的是利用地震数据精细描述蒸汽腔的空间展布，利用宽频高密度地震资料开展地震敏感属性综合研究和反演工作，通过多属性对比分析，指导对蒸汽腔空间分布的认识。

　　通过岩石物理分析可知，蒸汽腔发育区的振幅明显增强，可以利用这一点优选地震敏感属性，通过分析发现反射强度、高亮体和流体活动性属性对蒸汽腔的反应也十分敏感。

　　反射强度的定义为 $[x^2(t)+y^2(t)]^{1/2}$，也称为瞬时振幅、瞬时包络，为复数地震道的绝对值，常用来识别亮点、暗点，可确定储层中流体成分、岩性、地层的横向变化。研究区目的层的反射强度属性如图 3-4-5 所示，强振幅沿水平井呈条带状分布。反映了蒸汽腔在平面上的大致分布范围。

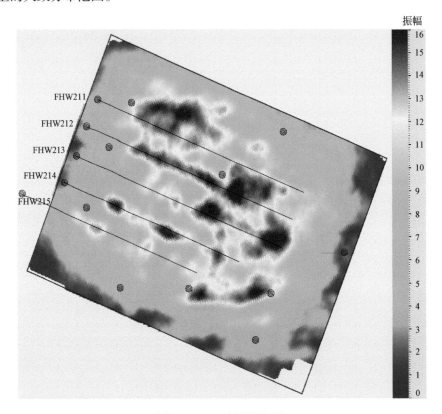

图 3-4-5　$J_3q_3$ 层振幅属性

　　通过振幅属性的演化确定了蒸汽腔的影响范围，从三工河底界面到齐古组顶界面每隔 2ms 切一张地震属性平面图，图 3-4-6 为优选的四张地震属性平面图，（a）图为齐古组顶部的振幅属性，它的强振幅与水平井没有相关性；（b）图为储层顶部的振幅属性，它的强振幅与水平井有一定的相关性；（c）图为储层中间的振幅属性，它的强振幅与水平井相关性较好，呈条带状分布；（d）图为靠近三工河底界面的振幅属性，它与水平井没有相关性。属性演化证实蒸汽腔能够被地震监测到，也进一步落实了蒸汽腔在垂向上的影响范围。

　　高亮体是对油气显示比较敏感的一种地震属性，它是频谱峰值振幅与平均振幅的差异，如图 3-4-7 所示。当目标在地震频谱上表现异常时，可以用此技术预测目标的分布情况，在研究区选取了 3 个样本点进行频谱分析，如图 3-4-8 所示，样本点 1 位于 FHW215

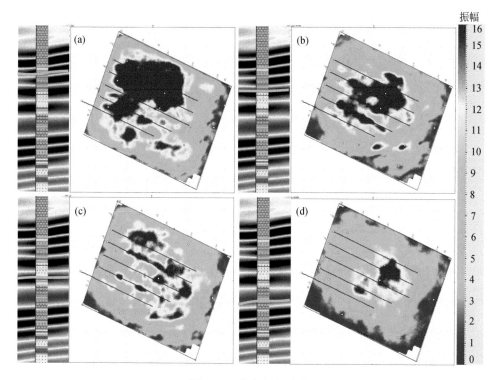

图 3-4-6　振幅属性演化

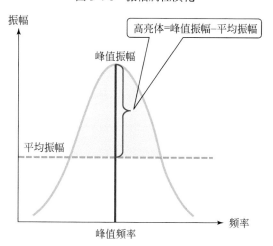

图 3-4-7　高亮体原理示意图

井末端，样本点 2 位于 FHW212 井，样本点 3 位于 F3090 井处，其中样本点 1 和样本点 3 处蒸汽腔不发育，样本点 2 处蒸汽腔发育，从分析结果看到蒸汽腔发育区在频谱上具有更高的振幅值，因此可以利用高亮体进行蒸汽腔的预测。如图 3-4-9 和图 3-4-10 所示，（a）为高亮体属性的平面图，（b）为高亮体属性的剖面图，平面上高亮体属性的异常值沿水平井呈条带状分布，与振幅属性有一定的相关性；剖面沿水平井方向，高亮体属性异常值沿水平井段分布，剖面垂直水平井方向，属性异常仅在水平井分布，高亮体属性能够刻画

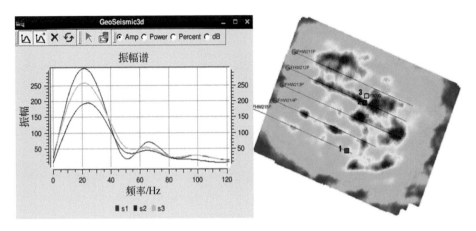

图 3-4-8　试验区频谱分析

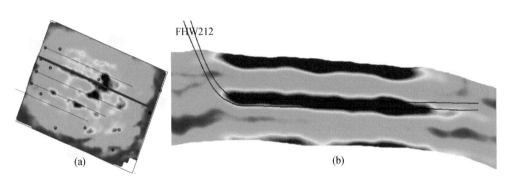

图 3-4-9　FHW212 井高亮体属性

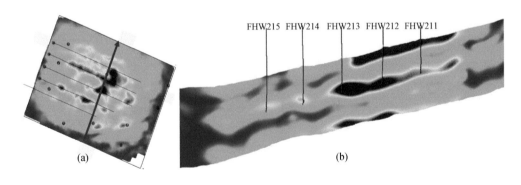

图 3-4-10　垂直水平井高亮体属性

蒸汽腔的分布范围，且与振幅属性具有很好的相似性。

　　通过计算低频或高频部分振幅谱的斜率进行油气预测的方法，原理如图 3-4-11 所示。由于砂岩含油气后储层物性发生改变，在地震频谱上会有显示，本区选择蒸汽腔发育区和不发育区进行频谱分析，根据对比结果找到含油气敏感的频谱段，进行油气的预测。图 3-4-12 为流体活动性预测结果，从预测结果来看，流体活动性属性异常沿水平井呈条带状分布，并且与反射强度和高亮体属性具有很好的相关性，以上几种属性对蒸汽腔的反应敏感，适合进行蒸汽腔的预测。

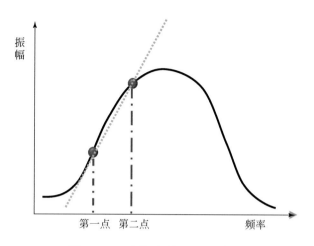

图 3-4-11　流体活动性原理示意图

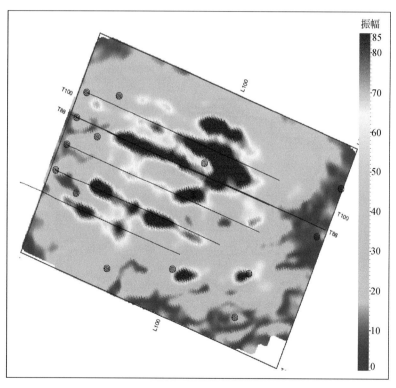

图 3-4-12　流体活动性平面属性

　　为了更加准确地刻画蒸汽腔的形态，利用研究区内的 12 口直井进行叠后反演研究，得到了符合蒸汽腔分布特征的波阻抗数据。如图 3-4-13 所示，在研究区泥岩表现为高阻抗特征，砂岩表现为低阻抗特征，蒸汽腔分布区域速度和密度的降低导致砂岩速度进一步降低。所以波阻抗剖面中高阻代表泥岩，低阻代表砂岩，阻抗越低代表蒸汽腔的概率越大。反演结果显示，在平面图和剖面图上反演预测结果与地震属性具有很好的相似性。

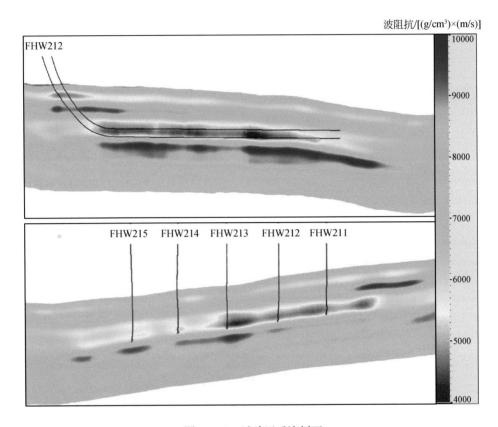

图 3-4-13　试验区反演剖面

利用敏感属性和反演结果，开展不同属性之间的对比工作，预测结果一致的区域保留结果，预测结果不一致的区域进行标识，利用动态和生产数据进行验证，去伪存真进一步确定蒸汽腔的分布范围。

同时隔夹层的存在会影响到蒸汽腔的形成和分布情况，隔夹层是指储层中对流体能起遮挡作用的岩层，通常将小层之间的岩层称为隔层，而把小层内的岩层称为夹层。在研究区利用如图 3-4-14 所示交汇图分析隔夹层的岩性，发现泥岩、钙质砂岩和砂砾岩的电阻率曲线与砂岩存在明显的区别，因此可以利用反演进行隔夹层的刻画，图 3-4-15 所示隔夹层的反演结果与井数据较为吻合，能够清晰地刻画出隔夹层。

## 三、蒸汽腔多信息综合预测技术

蒸汽腔发育区不仅可以通过地震进行检测，同时也可以利用井的温度和生产数据进行

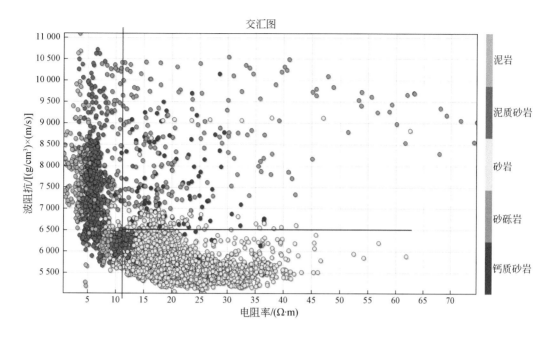

图 3-4-14　试验区岩性交会图

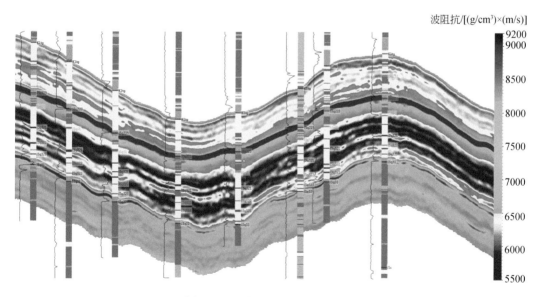

图 3-4-15　试验区隔夹层反演结果

预测，综合地震与开发数据预测蒸汽腔的分布将提高蒸汽腔预测的准确性。

监测井的温度数据是验证蒸汽腔是否发育的直接手段，工区内有 5 口监测井，如图 3-4-16 所示，其中 F3092 井温度曲线没有响应，F3089 井、F3058 井、F3091 井和 F3090 井的温度曲线在目标层段有一定的响应关系，但是温度数据都小于 30℃，而蒸汽腔的温度一般都在 200℃以上，所以 5 口监测井处均未形成蒸汽腔。在属性图上 5 口井均处于弱振幅区，这证实了属性预测蒸汽腔的准确性。

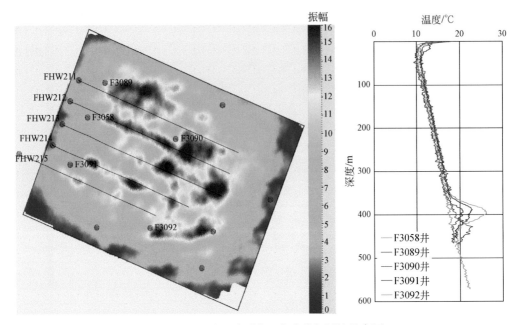

图 3-4-16　试验区检测井温度曲线与属性叠合图

　　水平井的温度数据也可以用来预测蒸汽腔的发育情况，SAGD 注采水平井井下温压监测系统通过在生产井水平段放入测温测压电偶或者光纤来监测井下温度和压力。这种方

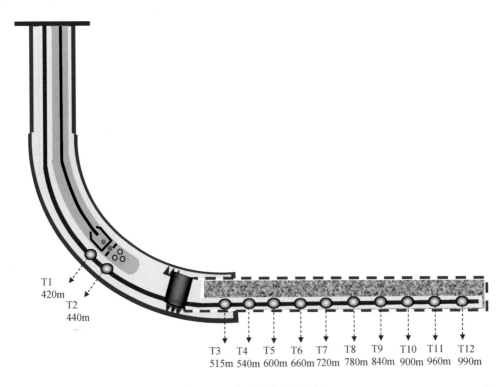

图 3-4-17　水平井管柱结构图

法既能用于检验生产状态及调控的合理性，又能帮助判断蒸汽腔在不同井段发育情况。通过在生产井焖井时观察水平段温度剖面变化情况，判断蒸汽腔沿水平井发育程度差异。因为蒸汽腔发育更好的井段存储热量更多，所以焖井后温度下降速度更缓慢（李巍等，2016）。如图 3-4-17 所示，本区水平井有 12 个温度监测点，T1 ～ T2 为 12 个温度监测点的位置。如图 3-4-18 所示，FHW213 井关井前全井段温度为 260℃左右，关井后前 6 个监测点的温度下降较快，温度监测表明蒸汽腔在 FHW213 井后端蒸汽腔发育较好。地震属性也显示 FHW213 井前 6 个监测点蒸汽腔发育较差，后端蒸汽腔发育较好。如图 3-4-19 所示，隔夹层反演结果显示，FHW213 井前端隔夹层较为发育，不利于蒸汽腔形成，末端隔夹层发育较少，利于蒸汽腔的形成，进一步证实了属性预测蒸汽腔的准确性。

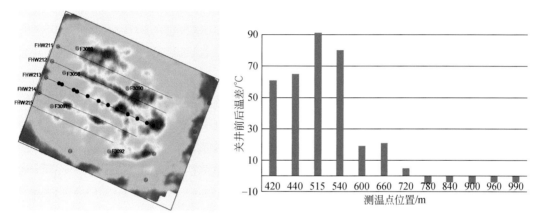

图 3-4-18  水平井井下温度及关井温差图

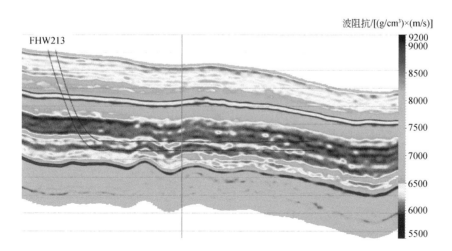

图 3-4-19  过 FHW213 井隔夹层波阻抗反演剖面

通过以上研究，实现了地震数据和温度监测数据的综合研究，同时也利用温度数据验证了地震属性与蒸汽腔的相关性，结合生产动态数据对蒸汽腔的刻画进行进一步的验证，如图 3-4-20 所示，可以看出高亮体属性与地震采集月份的产油量、产水量均吻合较好。其中 FHW212 井属性异常最强，它的产油量也最好，其余四口井的属性能量相对较弱，产油量也相对较弱，地震属性与生产数据也具有很好的相关性。

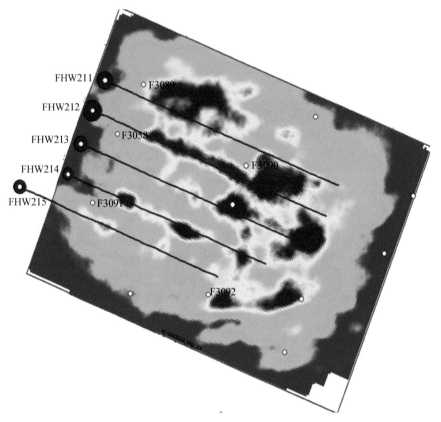

图 3-4-20 振幅属性与 2017 年 12 月产油量叠合图

地震属性虽能够预测蒸汽腔的分布情况，但是也存在一定的误差，属性误差需要利用地质、测井、地震、开发信息进行修正，最终获得蒸汽腔精确的空间分布形态。以图 3-4-21 中的 FHW215 井为例（蓝圈区域），可以发现振幅属性在 FHW215 井末端表现为强值，

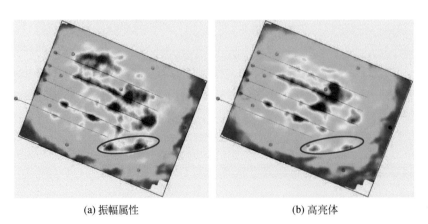

(a) 振幅属性          (b) 高亮体

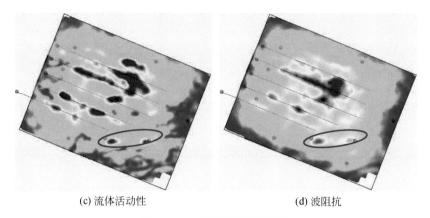

(c) 流体活动性　　　　　　　　　　　(d) 波阻抗

图 3-4-21　多属性蒸汽腔显示

而高亮体、流体活动性和反演结果则显示较弱（蓝圈区域），针对以上问题结合测温数据和开发动态信息进行了验证。

如图 3-4-22（b）所示的地震剖面，因为蒸汽腔的存在对同相轴造成了一定的影响，所以沿着水平井方向目的层的同相轴有波浪状显示，而无水平井目的层段和上下同相轴则无波浪状显示，（d）图为监测井的温度曲线，F3092 井位于（a）图红点处，井目的层

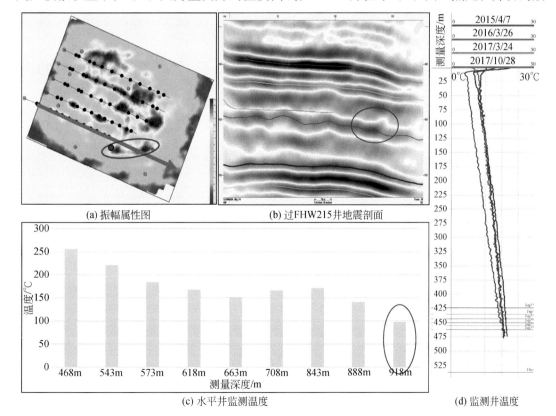

(a) 振幅属性图　　　　　　　　　(b) 过FHW215井地震剖面

(c) 水平井监测温度　　　　　　　(d) 监测井温度

图 3-4-22　属性异常分析

段的温度曲线对蒸汽腔没有响应，（c）图为水平井的温度检测曲线，水平井末端温度为96℃，温度较低，以上三点都说明振幅属性在FHW215井末端的强振幅为异常显示，异常区可能是由地震资料未满覆盖造成的假象。

基于以上方法完成了蒸汽腔的刻画，如图3-4-23所示为蒸汽腔空间显示图。

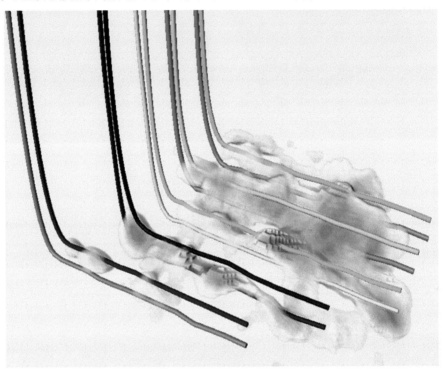

图 3-4-23　蒸汽腔空间显示图

通过以上研究，形成了测井地震联合蒸汽腔监测技术，总结起来，蒸汽腔精细描述的技术思路就是以井资料、温度数据和生产动态数据为依据，对地震属性和反演结果进行验证分析，去除数据异常区域，明确蒸汽腔展布规律和确定蒸汽腔的分布边界，最终完成对蒸汽腔的刻画。

# 第四章　油藏地球物理软件系统

油藏地球物理的研究内容包含利用地震、测井、地质和油田开发等多学科信息对储层进行精细描述和剩余油气预测。中国石油集团东方地球物理勘探有限公司自主研发了油藏地球物理软件系统 GeoEast-RE，它是一个多学科协同工作的软件系统，包括油藏描述、油藏模拟、油藏监测和油藏协同工作子系统。本软件系统在"十二五"初投入研发，在"十三五"期间升级优化。

## 第一节　软件平台

GeoEast-RE 软件系统基于 Windows MFC 系统开发，可在 Windows XP、Windows 7、Windows 8 和 Windows 10 等 Windows 操作系统上运行。本系统既可以使用文件方式管理数据，也可以使用 MySQL 数据库实现数据的管理。系统的四个平台子系统（油藏描述、油藏模拟、油藏监测和协同工作）采用统一风格的白板操作界面，在平台白板上实现点（井）、线（纵向和横向测线、任意线）、面（矩形、任意多边形）的数据选择、操作和显示。基于白板和启动关系的链式多窗口显示控制实现了众多窗口环境下任意窗口的快速查找和切换，为研究人员提供了多信息、多维数和多专业的油藏综合研究和油气预测的快速分析手段。

### 一、软件平台设计

油藏地球物理软件是一个跨专业的综合软件系统，它要解决"多专业、多信息、多窗口、多维数、多用户、多任务"协同工作问题才能满足多专业用户需求，为此，设计实现了"基于空间坐标驱动的油藏地球物理软件平台"。

GeoEast-RE 软件系统采用分类子平台设计思想，明确分了三个不同的专业协同工作环境，包括油藏描述、油藏模拟和油藏监测子系统（或者系统）。在此基础上，设计了多个专业间的油藏协同工作子系统，油藏协同工作解释流程如图 4-1-1 所示，满足了地震工程师、地质工程师、测井工程师、油藏工程师和管理者协同工作的需要。

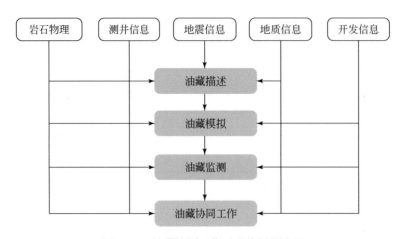

图 4-1-1 油藏协同工作子系统解释流程

## 二、软件平台介绍

本系统主界面如图 4-1-2 所示，主要包含三个部分：平台方法列表（左上）、绘图属性列表（左下）和窗口中间的主绘图窗口。

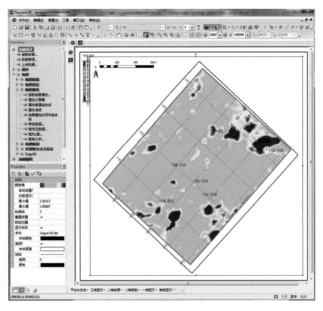

图 4-1-2 GeoEast-RE 软件系统主界面

本软件有以下几个特点：

基于统一风格平台白板操作。GeoEast-RE 软件系统各个子平台具有统一风格的白板界面（图 4-1-3），操作方式相同，并基于白板（$x$，$y$）坐标驱动（图 4-1-4 中标注①）进行数据管理。基于白板上坐标任意"框"驱动三维数据和空间平面数据，基于白板上坐标任意"线"驱动二维剖面数据，基于白板上坐标任意"点"驱动一维数据和表格数据的选择、加载、操作和显示等。并依据子平台间或网上用户间的用户关系和坐标关系实现它们之间的数据交换。

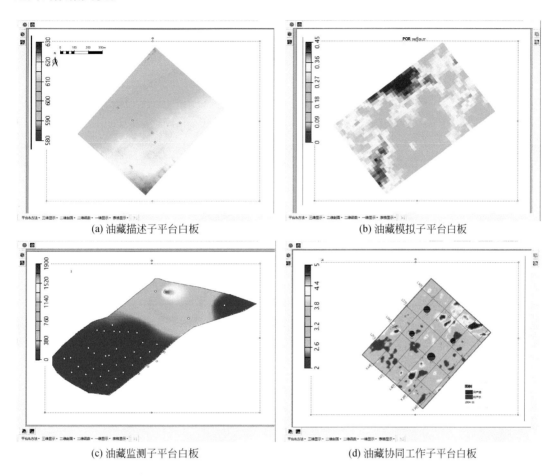

(a) 油藏描述子平台白板　　　　　　　　　　　　(b) 油藏模拟子平台白板

(c) 油藏监测子平台白板　　　　　　　　　　　　(d) 油藏协同工作子平台白板

图 4-1-3　四个子平台白板界面及数据显示

链式多平台、多窗口、多维数显示管理。根据油藏地球物理多专业协同工作的需求，GeoEast-RE 软件系统要面对多窗口和多维数应用环境，子平台通常会启动多达几十个不同维数（三维、二维、一维和表格）的窗口，用于多专业（地震、地质、测井和开发）的信息融合解释。同时，这种信息融合解释需要多窗口间的快速切换才能满足用户的综合认知需要。为此，GeoEast-RE 软件系统采用窗口间的父子链式管理方式解决这一问题。窗口链式管理方式是通过建立窗口间的调用关系达到快速窗口查寻和切换的目的。首先，GeoEast-RE 软件系统定义子平台平面主窗口为一级窗口（图 4-1-4 红框②）；三维可视化窗口为二级窗口；二维剖面窗口为三级窗口；一维窗口为四级窗口；表格和分析窗口为五级窗口。同时规定一级窗口可启动其他级窗口（三维、二维、一维、表格和分析窗口）；二级窗口可启动除一级窗口外的其他三级窗口（二维、一维、表格和分析窗口），以此类

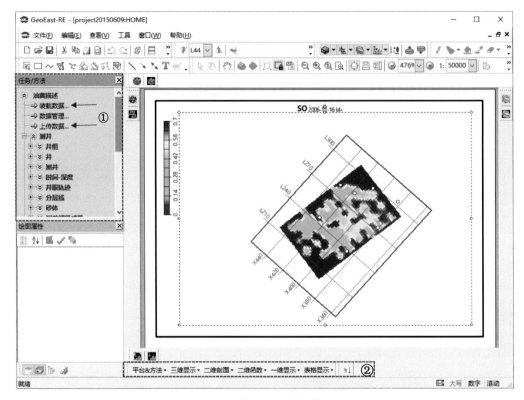

图 4-1-4　坐标驱动的数据管理

推建立一级、二级、三级和四级窗口间调用关系，并根据实际窗口调用关系建立的父子关系来实现多窗口的快速查寻与切换。

　　实际应用中，用户根据信息融合解释需求可能启动了四个子平台，并在每个子平台下又启动了多窗口，那么如何通过窗口父子关系表完成快速查寻和窗口切换呢？图 4-1-5 下部的红虚框给出了实际环境中多窗口的实例图。如图 4-1-5 所示，当鼠标悬停在平面或方法（各子平台主窗口）位置时，对应的上拉菜单出现，并显示出此时启动了四个子平台。当鼠标悬停在希望查寻的子平台时，自动弹出从该子平台启动的下一级窗口。如图 4-1-5 所示，该子平台启动了三个二级窗口、十一个三级窗口、三个四级窗口和十六个五级窗口，用户可以根据需要快速切换到希望获得的信息窗口。以上从调用窗口（父）查寻被调用窗口（子）的过程称为正向查寻。

　　反之，从被调用窗口（子）查寻调用窗口（父）的过程称为反向查寻。该查寻过程是将鼠标悬停在查寻低维数或表格键位置，相应上拉菜单显示出在这一环境下的窗口个数。根据实际查寻需要，将鼠标悬停在查寻窗口位置上，则启动该窗口的上级窗口（父）和上级的上级（父亲的父亲）窗口自动查寻。基于查寻结果，用户可以根据需要自动切换到所需的窗口进行信息融合解释。

　　根据上述多窗口管理方式，在实际的几十或上百个窗口中，可以实现正向或反向窗口的快速查寻和切换，从而解决了多专业（子平台间）、多窗口、多维数间的快速查寻和切

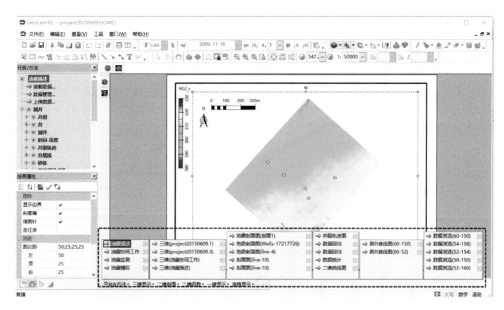

图 4-1-5　链式多窗口管理

换问题，同时也满足了用户对信息融合解释的需求。

# 第二节　软件子系统功能

GeoEast-RE 软件系统的油藏描述、油藏模拟、油藏监测和油藏协同工作四个子系统的功能总结如下。

## 一、油藏描述子系统

油藏描述子系统主要是利用地震、地质和测井信息等进行储层精细描述，最终建立储层地质模型。由于 GeoEast-RE 软件系统具备强大的地震处理和解释功能，本子系统主要是把 GeoEast-RE 软件系统的解释成果导入，进行质控分析，补充没有的功能，为后续静态、动态数据的结合提供重要的储层静态信息。目前主要的功能包括：测井数据处理与解释、地震属性提取、井震联合标定、地震反演、地震等时格架的质控、时深转换、层地质模型建立和质控等。

在测井数据的处理解释方面，GeoEast-RE 软件系统实现了测井数据编辑、预处理与测井参数解释、沉积旋回与沉积相解释、常规测井解释和水平井测井解释等功能。测井数据解释完成后，可以对解释成果，如孔隙度、渗透率、泥质含量等曲线进行显示成图，如图 4-2-1 所示。也可以把测井解释曲线、解释结论、沉积旋回等一起综合显示，如图 4-2-2

所示。在地震数据分析方面，该软件提供了地震反演和属性提取、便捷的沉积演化解释工具、井震联合地层格架质控和储层地质模型质控等功能，图 4-2-3 显示的是储层地质模型和测井数据的对比结果。

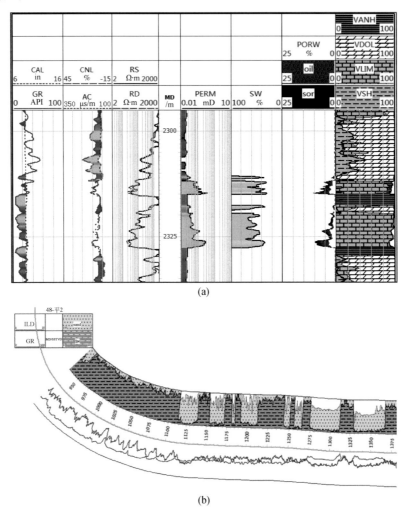

(a)

(b)

图 4-2-1　直井（a）和水平井（b）测井曲线显示

储层构造模型是地下储层的定量表达形式，"十三五"期间研发了储层建模软件，包括构造建模、沉积相建模和物性建模。图 4-2-4 展示了一个构造模型结果，图 4-2-5 展示了一个属性模型。

## 二、油藏模拟子系统

油藏模拟子系统是在储层地质型的基础上，为油藏数值模拟和动态历史拟合提供软件工具，目前主要包括油藏数值模拟输入参数的设置、油藏模拟结果质控、模型计算和模型

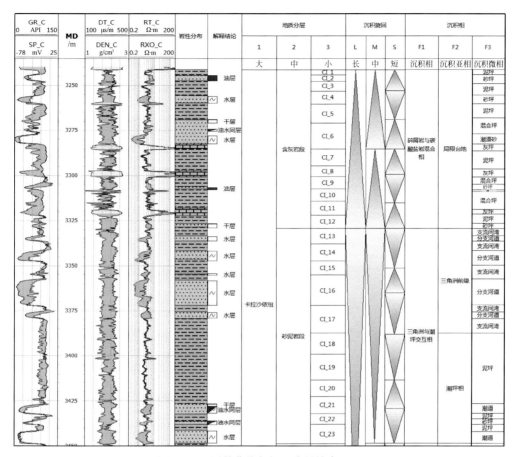

图 4-2-2　测井曲线与解释成果综合显示

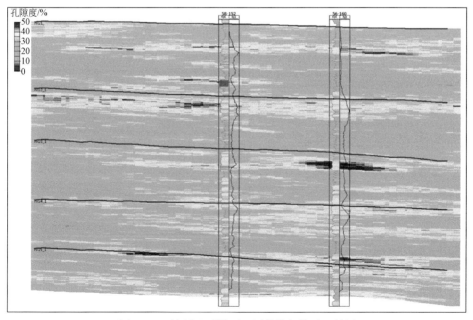

图 4-2-3　储层地质模型和测井数据的对比结果

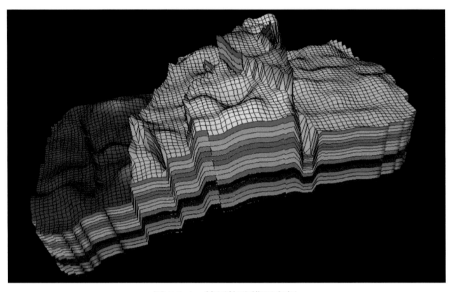

图 4-2-4 储层构造模型实例

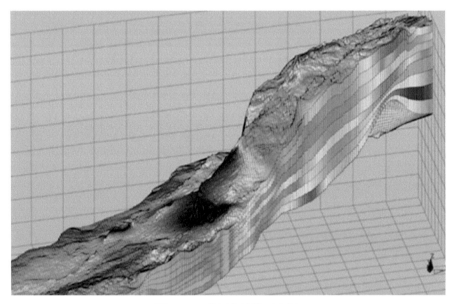

图 4-2-5 储层物性模型实例

修改等功能。油藏数值模拟输入参数设置的一个例子如图 4-2-6 所示，展示的是相渗曲线的设置。对于数值模拟结果的质控除了传统的模拟结果和井史数据对比（图 4-2-7）外，还可以利用泡泡图的方式从平面上显示，可以直观地看出各井之间拟合误差的对比关系（图 4-2-8，误差越大，饼图越大），红色和蓝色分别代表井的模拟结果和生产数据，如果红色区域面积大于蓝色面积则说明模拟结果大于实际的生产数据，这是本软件的特色之一。此外，该软件有地震约束历史拟合的功能，用地震约束历史拟合的结果明显优于不用地震约束的结果，如图 4-2-9 所示。

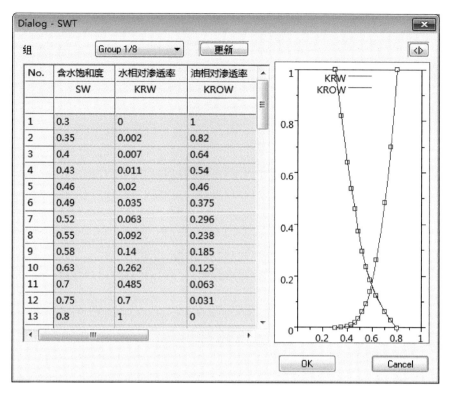

图 4-2-6　数值模拟模型相渗曲线的设置

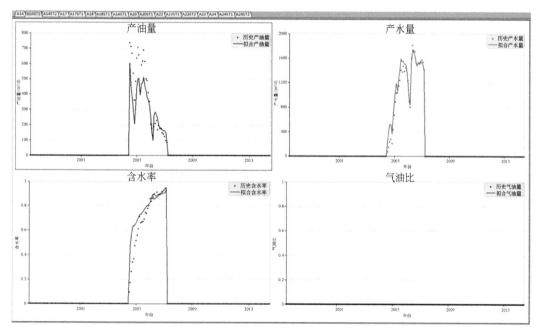

图 4-2-7　单井模拟结果和实际生产数据的对比

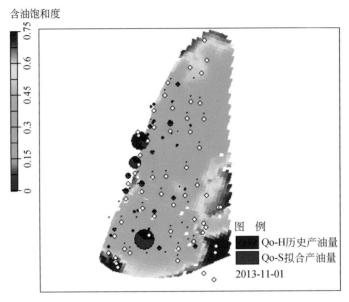

图 4-2-8 模拟结果误差泡泡图

## 三、油藏监测子系统

油藏描述子系统提供了储层静态成果，如构造、沉积相、砂体厚度等；油藏模拟子系统提供了储层的流体（动态）成果信息，如含油饱和度随着时间的变化；油藏监测子系统则综合以上两个子系统的成果（静、动态信息）进行剩余油气的预测。此外，为了更好地进行静、动态数据的结合，还提供了动态生产数据的分析功能。油藏监测子系统主要包括生产数据计算与分析、开发现状图生成、产量递减分析、井间连通性分析、注水优化和3.5D地震等功能。

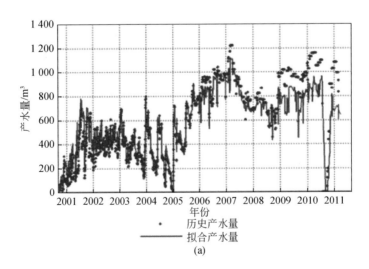

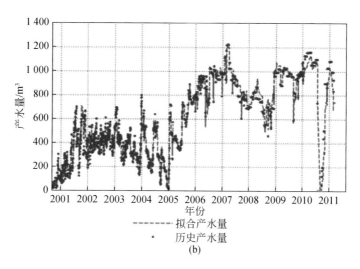

图 4-2-9　不用地震约束（a）和用地震约束（b）结果的对比

　　GeoEast-RE 软件系统提供了静、动态数据结合的工具，通常采用不同学科信息叠合显示的方式进行 3.5D 地震剩余油气的预测。常用剖面叠合方法、平面叠合方法来实现。

　　（1）剖面叠合方法。剖面叠合方法主要是通过在剖面上把油藏的静、动态数据叠合显示，进行剩余油气预测分析的方法。静态信息包括测井资料、地震数据和储层地质模型；动态数据主要是油藏数值模拟结果。地震数据包括地震处理后的振幅数据、提取的地震属性和反演结果。

　　（2）平面叠合方法。平面叠合方法主要是基于静态信息和动态数据的平面叠合图，进行剩余油气预测分析的方法。静态信息包括测井资料、地震属性和储层地质模型。动态数据主要是井的生产数据和油藏数值模拟结果。常用的地震属性包括反演的波阻抗、三瞬属性、RMS 均方根误差振幅属性等；生产数据主要是日（月、年）产油量、日（月、年）产水量、日（月、年）产液量、日（月、年）产气量、累积产油量、累积产水量、累积产液量、累积产气量等；典型图形有地震属性分别与累积产油量柱状图、某时刻产油（气、水）泡泡图、连通性分析图的叠合图。

　　图 4-2-10 显示的是油藏数值模拟的含油饱和度和地震的叠合剖面图。图中背景颜色显示的是含油饱和度，红色表示含油饱和度高，蓝色或者绿色表示含油饱和度低，图中波形代表地震数据。通过油藏模拟的含油饱和度和地震波形对比可以看出：在蒸汽腔边界处，地震同相轴不连续。根据这一点，在没有进行油藏数值模拟的区域，可以借助地震信息推断蒸汽腔的边界。因为研究区是一个块状油藏，所以蒸汽腔之外的区域就是剩余油气富集区。在实际应用过程中，经常会发现油藏数值模拟结果和地震信息不吻合的情况，如图 4-2-10 中下面左侧第四个箭头位置处的蒸汽腔边界，地震预测的汽腔比数模的结果小，此时需要综合分析实际的数据情况，来确定哪个结果更加准确。在本地区，我们认为地震预测的边界更加可靠。这样，利用多学科综合解释的方法，可以提高剩余油气预测的精度。

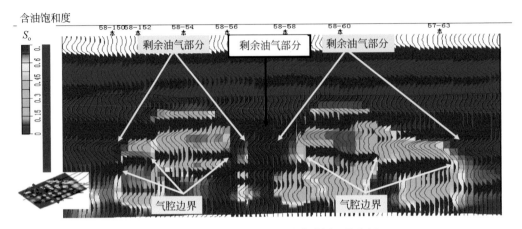

图 4-2-10  含油饱和度和地震波形剖面叠合图

　　图 4-2-11 是均方根振幅与累积产油叠合图,从图中可以看出井点都位于弱振幅区。这是合理的,因为研究区是注蒸汽开发,井周围的稠油已经被开采出来,岩石物理分析表明,采出稠油后地震振幅明显变弱。并且研究区储层横向变化相对较小,可以忽略地质变化因素的影响。因此,红色的强振幅区指示剩余油气的富集区。该均方根振幅和采集地震时刻产量的叠合如图 4-2-12 所示。泡泡图的大小表明了产液量的大小,紫色的表示产油量,蓝色的表示产水量。从图中可以看出,这些生产井基本上都位于强振幅区,这进一步验证了强振幅区是剩余油气富集区的结论。另外一种常用的平面叠合图是地震属性和井间连通性叠合图,如图 4-2-13 所示。图中箭头的大小表示井间连通性的大小,这也是预测剩余油气的一种有效方式。

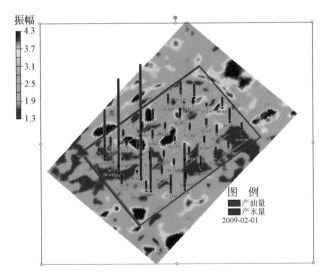

图 4-2-11  均方根振幅与累积产油叠合图

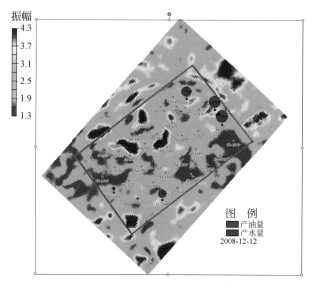

图 4-2-12　均方根振幅与采集地震时刻产量叠合图

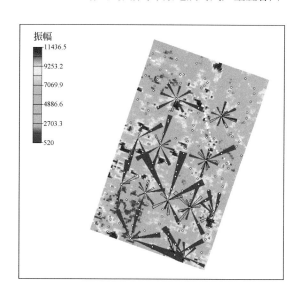

图 4-2-13　地震属性和井间连通性分析叠合图

# 四、油藏协同工作子系统

油藏协同工作子系统把上述三个子系统的信息作为输入信息，为多学科信息综合解释以及它们之间相互交叉验证提供工具，具有多学科数据的协同显示与分析、岩石物理模型标定、3D 地震数据的合成、合成与观测地震数据的对比和时移地震数据的合成等功能。

多学科信息综合解释包括点、线、面、3D 立体等方式，3D 立体综合显示是常用的方法，它是基于地震、测井、数模、产量等静、动态信息在三维空间的综合显示图，是预测剩余油气分布的一种方法。图 4-2-14 显示了一个 3D 立体显示图的例子，图中显示了地震剖面和地震数据体；沿着井轨迹显示的是测井 GR 曲线，黄色的代表砂岩；井头上显示的是井的产量，蓝色表示产水量，粉色表示产油量；中间小的块状模型显示的是油藏模拟的温度，红色或者绿色的表示温度高，即含油饱和度高，利用这些综合信息可以进行多学科协同解释，减少单学科解释的不确定性，提高剩余油气预测的精度。

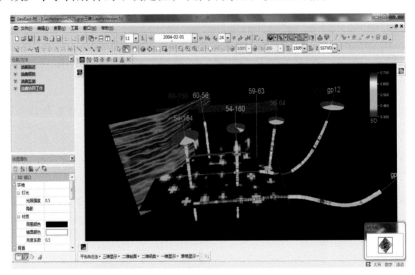

图 4-2-14　多学科信息 3D 立体综合显示图

　　本子系统还有方便的岩石物理模型标定功能。GeoEast-RE 软件系统具有多种灵活科学的岩石物理模型标定方法，能根据不同油藏条件、不同岩石特征，对具体的岩石物理参数展开对比分析，尤其是交互对比分析功能。图 4-2-15 是某油田岩石物理交互分析模型过程图，图中红色散点为试验观测结果，绿色曲线为岩石物理模型生成曲线。交互编辑功能可以在建立的初始岩石物理模型的基础上，非常方便地浏览模型与试验数据的吻合情况。吻合较差时，可以调整岩石物理模型参数，图形窗口实时地显示参数调整后模型与观测数据的吻合情况。图 4-2-15（a）～（d）显示的是调整参数过程中模型曲线变化情况，可以看到随着参数的调整，模型与实际数据吻合越来越好。控制各个参数在合理的范围内，并使模型和实验数据很好地吻合，即可建立较准确的岩石物理模型。GeoEast-RE 软件系统也提供了灵活的参数选择和分析功能，除了常用的速度、孔隙度、渗透率、饱和度等参数可以参与模型拟合外，压力和温度等参数也可以方便地加入岩石物理模型，更准确地解释地震资料反映的各种不同变化和特征。

　　在建立岩石物理模型的基础上，GeoEast-RE 软件系统可以方便快速地计算油藏模型的合成地震数据。图 4-2-16 显示了计算合成地震数据的过程，（a）图为油藏数值模拟饱和度剖面图，通过直接在剖面上点击右键就可以弹出合成地震数据的菜单（b）图，点击合成地震数据就可以直接在剖面上生成（c）图所示的合成地震剖面，调整不同模拟时间的数模数据，可以生成对应时间点的合成地震数据，（d）图为不同时间点的模拟饱和度

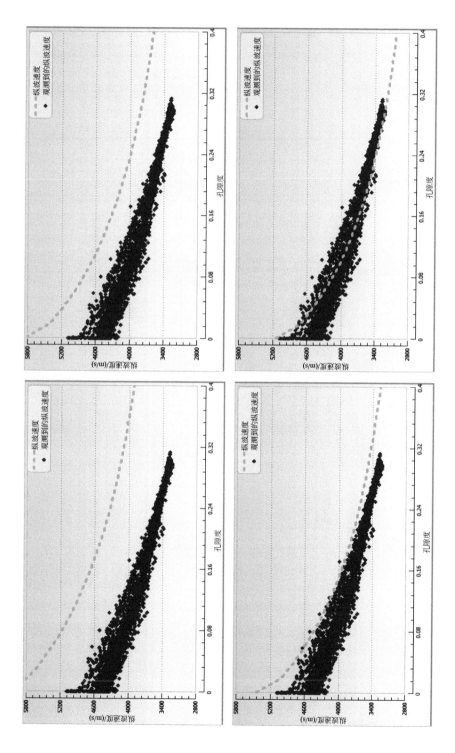

图 4-2-15　岩石物理模型标定图

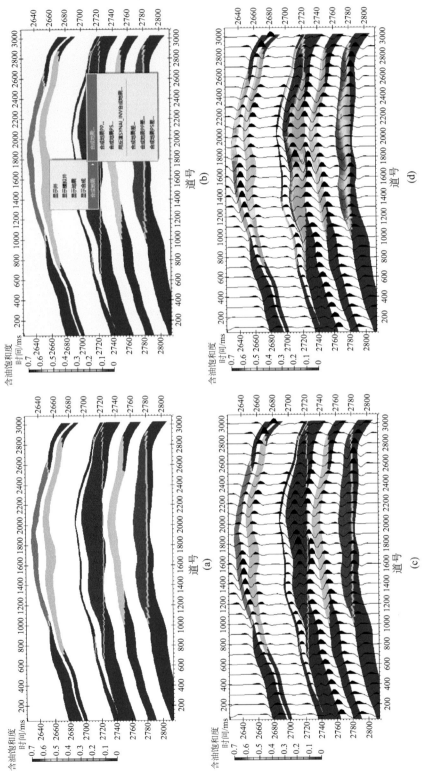

图 4-2-16 数模模型和它的合成地震数据叠合图

剖面和对应的合成地震数据，从中可以看到，随着油藏的开发，油藏饱和度发生了明显的变化，地震响应特征亦发生了一些改变。此外，软件也有随着流体变化计算地震响应变化的功能，可以方便直接地研究流体差异引起的地震差异变化情况。这是一个剖面的例子，该软件还具有计算三维叠后、叠前、多波数据体以及4D地震的功能。因此，可以用于时移地震可行性分析。

借助上述子系统的岩石物理和地震合成的功能，与油藏描述、油藏模拟、油藏监测功能一起，实现了"从地震数据到油藏数值模拟"，再"从油藏数值模拟回到地震数据"的功能，实现多学科数据的融合。"从地震数据到油藏数值模拟"就是由地球物理数据、地质、测井等数据建立储层地质模型，再进行油藏数值模拟的过程；"从油藏数值模拟回到地震数据"即计算数模模型的合成地震数据、合成地震和观测地震进行对比、数据重新解释以及模型修改、重新运行油藏数值模拟的过程，使数模的结果和实际观测地震数据一致或基本一致。

# 参 考 文 献

陈小宏，牟永光，1998. 四维地震油藏监测技术及其应用. 石油地球物理勘探，33(6): 707-715.

陈雄，贾永禄，桑林翔，等，2016. 一种确定重力采油（SAGD）蒸汽腔前缘发育速度及范围的新方法. 油气藏评价与开发，6(1): 36-39.

葛瑞·马沃可，塔潘·木克基，杰克·德沃金，2008. 岩石物理手册：孔隙介质中的地震分析工具. 徐海滨，戴建春，译. 合肥：中国科学技术大学出版社.

姜在兴，2003. 沉积学. 北京：石油工业出版社.

李春霞，曹代勇，黄旭日，等，2016. 时移地震在 SAGD 蒸汽腔数值模拟中的应用. 特种油气藏，23(6): 86-89.

李军，张军华，韩双，等，2013. 复杂断块油藏地震精细描述技术研究——以胜利油田永 3 工区为例. 断块油气田，20(5): 580-584.

李巍，刘永健，田歆源，2016. 兴 I 组蒸汽辅助重力泄油双水平井蒸汽腔非均匀发育调控技术研究. 钻采工艺，39(3): 53-56.

廖保方，张为民，李列，等，1998. 辫状河现代沉积研究与相模式——中国永定河剖析. 沉积学报，16(1): 34-39.

刘钰铭，侯加根，王连敏，等，2009. 辫状河储层构型分析. 中国石油大学学报（自然科学版），33(1): 7-11.

刘钰铭，李园园，张友，等，2011. 喇嘛甸油田密井网砂质辫状河厚砂层单砂体识别. 断块油气田，18(5): 556-559.

吕建荣，赵春森，王庆鹏，等，2008. 地质建模技术在断块油藏综合挖潜中的应用. 断块油气田，15(1): 9-11.

马军，2016. 复杂断块区储层预测研究——以苏丹 4 区 N 油田为例. 北京：中国石油大学（北京）.

乔文孝，杜光升，1995. 孔隙度、泥质含量、饱和度对岩石声波的影响. 测井技术，(3): 194-198.

武刚，2016. 复杂断块区构造应力场分析及应用，特种油气藏，23(5): 22-25.

杨耀忠，曲寿利，隋淑玲，等，2003. 地震约束建模技术在油藏模拟中的应用. 石油地球物理勘探，38(5): 535-539.

周连敏，王晶晶，林火养，等，2018. 复杂断块不整合地层地质建模方法. 断块油气田，25(2): 181-184.

Biot M A, 1956a. Theory of propagation of elastic waves in a fluid-saturated porous solid. I. Low-frequency range. The Journal of the Acoustical Society of America, 28(2):168-178.

Biot M A, 1956b. Theory of propagation of elastic waves in a fluid-saturated porous solid. II. Higher frequency range. The Journal of the Acoustical Society of America, 28(2): 179-191.

Gassmann F, 1951. Elastic waves through a packing of spheres. Geophysics, 16(1):673-685.

Kuster G T, Toksoz M N, 1974a. Velocity and attenuation of seismic waves in two-phase media: Part I.Theoretical formulation. Geophysics, 39(5): 587-606.

Kuster G T, Toksoz M N, 1974b. Velocity and attenuation of seismic waves in two-phase media: Part II.

Experimental results. Geophysics, 39(5): 607.

Nur A, 1987. Four-dimensional seismology and (true) direct detection of hydrocarbon: the petrophysical basis. Geophysics, 52(9): 1175-1187.

Sheriff R E, Geldart L P, 1982. Exploration seismology. Cambridge: Cambridge University Press.

Vail P, Mitchum J R,Thompson S, 1977. Seismic stratigraphy and global changes of sea level, Part 3: Relative changes of sea level from coastal onlanp. American Association Petroleum Geologists Memoir, 26(1997): 63-81.

White J E, 1983. Underground sound: application of seismic waves. Amsterdam: Elsevier.